A ORDEM DO TEMPO

Carlo Rovelli

A ordem do tempo

TRADUÇÃO
Silvana Cobucci

3ª reimpressão

Grafia atualizada segundo o Acordo Ortográfico da Língua Portuguesa de 1990, que entrou em vigor no Brasil em 2009.

Título original
L'ordine del tempo

Capa
Celso Longo

Preparação
Raphani Margiotta

Índice remissivo
Probo Poletti

Revisão
Angela das Neves
Carmen T. S. Costa

Dados Internacionais de Catalogação na Publicação (CIP)
(Câmara Brasileira do Livro, SP, Brasil)

Rovelli, Carlo
A ordem do tempo / Carlo Rovelli; tradução Silvana Cobucci. – 1ª ed. – Rio de Janeiro: Objetiva, 2018.

Título original: L'ordine del tempo.
ISBN 978-85-470-0056-1

1. Cosmologia 2. Espaço e tempo 3. Presentismo (Filosofia) 4. Tempo I. Título.

18-12677 CDD-530.11

Índice para catálogo sistemático:
1. Espaço e tempo : Física 530.11

[2022]

EDITORA SCHWARCZ S.A.
Praça Floriano, 19, sala 3001 — Cinelândia
20031-050 — Rio de Janeiro — RJ
Telefone: (21) 3993-7510
www.companhiadasletras.com
www.blogdacompanhia.com.br
facebook.com/editoraobjetiva
instagram.com/editora_objetiva
twitter.com/edobjetiva

Para Ernesto, Bilo e Edoardo

Sumário

SEGUNDA PARTE
O MUNDO SEM TEMPO

TERCEIRA PARTE
AS FONTES DO TEMPO

Os versos que iniciam os capítulos foram
extraídos das *Odes* de Horácio.

Talvez o maior mistério seja o tempo

Até as palavras que agora dizemos
o tempo, em sua voracidade,
já levou embora
e nada retorna
(I, 11)

Paro e não faço nada. Nada acontece. Não penso em nada. Ouço o passar do tempo.

O tempo é isso. Familiar e íntimo. Sua força nos arrasta. A sucessão de segundos, horas e anos nos projeta na vida, depois nos arrasta para o nada... Vivemos nele como peixes na água. O que somos, somos no tempo. Sua cantiga alimenta, descortina o mundo, perturba, assusta, acalenta. O universo se transforma levado pelo tempo, segundo a ordem do tempo.

A mitologia hindu representa o fluxo cósmico na imagem do deus Shiva que dança: sua dança sustenta o curso do universo, é a passagem do tempo. O que há de mais universal e evidente que esse curso?

Mas as coisas são mais complicadas. A realidade não costuma ser o que parece: a Terra parece plana, mas é esférica; o Sol parece se mover no céu, mas somos nós que giramos. Da mesma forma, a estrutura do tempo não é o que parece: é diferente do curso uniforme universal. Fiquei espantado ao descobrir isso nos livros de física, na universidade. O funcionamento do tempo é diferente do que parece.

Naqueles mesmos livros descobri também que ainda não sabemos como o tempo funciona de fato. A natureza do tempo talvez continue sendo o maior mistério de todos. Estranhos fios o conectam aos outros grandes mistérios não resolvidos: a natureza da mente, a origem do universo, o destino dos buracos negros, o funcionamento da vida. Mas algo de essencial insiste em nos levar à natureza do tempo.

O fascínio é o que alimenta o nosso desejo de conhecer,[1] e a descoberta de que o tempo não é como pensávamos suscita uma infinidade de perguntas. A natureza do tempo esteve no centro do meu trabalho de pesquisa em física teórica a vida toda. Nas páginas a seguir, falo sobre o que compreendemos do tempo, os caminhos que estamos trilhando para tentar entendê-lo melhor, o que ainda não sabemos e aquilo que penso vislumbrar.

Por que nos lembramos do passado e não do futuro? Somos nós que existimos no tempo ou é o tempo que existe em nós? O que realmente significa dizer que o tempo "passa"? O que liga o tempo à nossa natureza de indivíduos?

O que percebo, quando percebo o passar do tempo?

O livro está dividido em três partes diferentes. Na primeira, resumo o que a física moderna compreendeu sobre o tempo. É como segurar um floco de neve: à medida que o estudamos, ele derrete por entre os dedos até desaparecer. Em geral pensamos o tempo como algo simples, fundamental, que passa uniforme e indiferente a tudo, do passado para o futuro, medido pelos relógios. No decorrer do tempo vemos uma sucessão ordenada dos eventos do universo: passados, presentes, futuros; o passado, estabelecido; o futuro, aberto... Bem, tudo isso se revelou falso.

Os aspectos característicos do tempo, um depois do outro, mostraram aproximações, enganos decorrentes da perspectiva, como a planura da Terra ou o movimento circular do Sol. O aumento do conhecimento levou a uma lenta desintegração da noção de tempo. O que denominamos "tempo" é uma complexa coleção de estruturas e de camadas.[2] À medida que o estudo do tempo avançou, essas camadas se perderam, uma depois da outra, um pedaço após o outro. A primeira parte do livro é um relato dessa desintegração do tempo.

A segunda parte descreve o que sobra no fim. Uma paisagem vazia e exposta ao vento, que parece ter perdido qualquer vestígio de temporalidade. Um mundo estranho, desconhecido; mas nosso mundo. É como chegar ao alto da montanha, onde há apenas neve, rochedos e céu. Ou como deve ter sido para Armstrong e Aldrin quando se aventuraram na areia imóvel da Lua. Um mundo essencial que resplandece uma beleza árida, límpida e perturbadora. A física em que trabalho, a gravidade quântica, é o esforço de compreender e dar um sentido coerente a esta paisagem extrema e belíssima: o mundo sem tempo.

A terceira parte do livro é a mais difícil, mas também a mais viva e a que mais se aproxima de nós. No mundo sem tempo, deve existir, porém, algo que depois dê origem ao tempo que conhecemos, com a ordem, o passado diferente do futuro, o fluxo suave. De algum modo, o tempo deve se manifestar ao nosso redor, em nossa escala, através de nós.[3]

Esta é a viagem de volta, rumo ao tempo perdido na primeira parte do livro em busca da gramática elementar do mundo.

Como num romance policial, vamos atrás do culpado que gerou o tempo. E descobrir cada uma das peças que compõem o tempo que conhecemos, não como estruturas elementares da realidade, mas como aproximações adequadas às criaturas desengonçadas e atrapalhadas que somos nós, mortais, como aspectos da nossa perspectiva, e talvez também aspectos – determinantes – daquilo que somos. Porque no final, possivelmente, o mistério do tempo diz respeito mais ao que somos do que ao cosmos. Talvez, como no primeiro e maior de todos os romances policiais, *Édipo rei*, de Sófocles, o culpado seja o detetive.

Neste ponto, o livro se torna uma explosão de ideias, às vezes luminosas, às vezes confusas; venham comigo, e levarei vocês até onde, a meu ver, chega o nosso saber atual sobre o tempo, até o grande oceano noturno e estrelado daquilo que ainda não sabemos.

Primeira Parte

A desintegração do tempo

1. A perda da unicidade

Danças de amor enlaçam
dulcíssimas donzelas
iluminadas pela lua
destas límpidas noites
(I, 4)

A DESACELERAÇÃO DO TEMPO

Começo por um fato simples: o tempo passa mais rápido na montanha e mais devagar no vale.

A diferença é pequena, mas pode ser medida com relógios precisos, hoje disponíveis na internet por cerca de mil euros. Um pouco de prática é suficiente para que qualquer um de nós possa constatar a desaceleração do tempo. Com os relógios de laboratórios especializados observa-se essa desaceleração até mesmo entre poucos centímetros de desnível: o relógio que está no chão anda um pouquinho mais devagar que o relógio sobre a mesa.

Os relógios não são os únicos que desaceleram: embaixo todos os processos são mais lentos. Dois amigos se separam: um vai morar no vale, o outro, na montanha. Anos depois eles se reencontram: o do vale viveu menos, envelheceu menos, o pêndulo do seu cuco oscilou menos vezes, teve menos tempo para fazer as coisas, suas plantas cresceram menos, suas ideias tiveram menos tempo para se desenvolver... Embaixo há menos tempo que no alto.

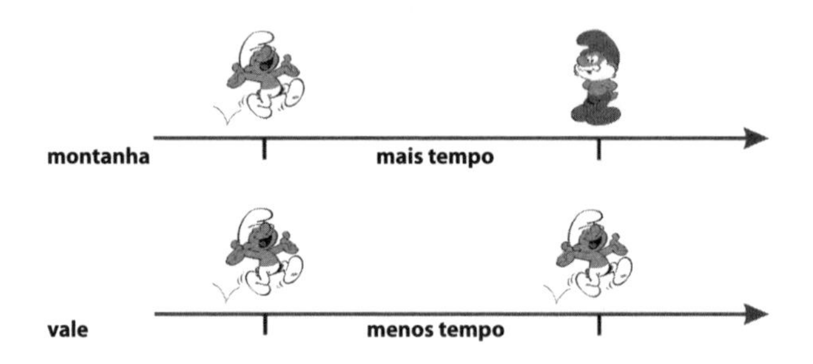

Surpreendente? Talvez. Mas assim é o mundo. O tempo passa mais devagar em alguns lugares e mais rápido em outros.

O mais incrível é que alguém compreendeu essa desaceleração do tempo um século antes de termos relógios que a medissem: Einstein.

A capacidade de compreender antes de ver é a essência do pensamento científico. Na Antiguidade, Anaximandro entendeu que o céu se estende sob os nossos pés, antes que os navios completassem a volta ao redor da Terra. No início da era moderna, Copérnico observou que a Terra gira, antes que os astronautas a vissem se mover da Lua. Assim também, Einstein compreendeu que o tempo não passa uniformemente, antes que os relógios fossem precisos o bastante para medir a diferença.

Com avanços como esses, aprendemos que coisas consideradas óbvias eram preconceitos. O céu — ao que parece — está *obviamente* em cima, não embaixo; do contrário, a Terra cairia. A Terra — ao que parece — *obviamente* não se move; senão seria o caos. O tempo — ao que parece — passa com a mesma velocidade em todos os lugares, é *óbvio*... As crianças crescem e aprendem que o mundo não é como aparenta ser dentro de casa; a humanidade faz o mesmo.

Einstein se fez uma pergunta que muitos de nós já devemos nos ter feito ao estudar a força da gravidade: como o Sol e a Terra "se atraem" com a força da gravidade, se não se tocam e não usam nada no meio? Einstein buscou uma história plausível. Imaginou que o Sol e a Terra não se atraem diretamente, mas cada um deles age aos poucos sobre o que está entre eles. E, como no meio só há espaço e tempo, imaginou que o Sol e a Terra modificam o espaço e o tempo em volta deles, como um corpo, ao mergulhar na água, desloca o líquido ao seu redor. A modificação da estrutura do tempo, por sua vez, influencia no movimento de todos os corpos, fazendo-os "cair" uns na direção dos outros.[1]

O que significa a "modificação da estrutura do tempo"? Significa a desaceleração do tempo descrita acima: todo corpo desacelera o tempo nas suas proximidades. A Terra é uma grande massa, e desacelera o tempo perto dela. Mais no vale e menos na montanha, porque a montanha está um pouco mais distante da Terra. Por isso o amigo no vale envelhece menos.

Se as coisas caem, é por causa da desaceleração do tempo. No espaço interplanetário, onde o fluxo do tempo é uniforme, as coisas não caem, flutuam. Já aqui, na superfície do planeta, o movimento das coisas se volta naturalmente para onde o tempo passa mais devagar, como quando corremos na praia em direção ao mar e a resistência da água nos pés nos derruba e nos faz cair com o rosto nas ondas. As coisas vão para baixo porque embaixo o tempo é desacelerado pela Terra.[2]

Ainda que não percebamos com facilidade, a desaceleração do tempo tem efeitos evidentes: faz as coisas caírem, nos mantém firmes com os pés no chão. Os pés aderem ao solo porque o corpo é atraído naturalmente para onde o tempo passa devagar, e o tempo é mais lento nos pés que na cabeça.

Estranho? É como quando, ao ver o sol se pôr radiante e desaparecer atrás de nuvens longínquas, nos damos conta de que não é o Sol que se move, é a Terra que gira; e de repente, com a imaginação, percebemos todo o planeta, e nós com ele, girando para trás, afastando-se do Sol. São os olhos do louco na colina de Paul McCartney,[3] que, como tantos outros, enxergam mais que os nossos sonolentos olhos cotidianos.

DEZ MIL SHIVAS DANÇANTES

Tenho uma paixão por Anaximandro, o filósofo grego que, 26 séculos atrás, compreendeu que a Terra navega no espaço, apoiada no nada.[4] Conhecemos o pensamento de Anaximandro através de outros que falaram dele, mas resta apenas um fragmento de seus escritos. Este:

> *As coisas se transformam uma na outra segundo a necessidade e reconhecem o valor uma da outra segundo a ordem do tempo.*

"Segundo a ordem do tempo" (κατὰ τὴν τοῦ χρόνου τάξιν). De um dos momentos primordiais da ciência da natureza só restaram essas palavras obscuras de ressonância arcana, esse apelo à "ordem do tempo".

A astronomia e a física se desenvolveram seguindo a sugestão de Anaximandro: compreender como os fenômenos acontecem *segundo a ordem do tempo*. A astronomia antiga descreveu os movimentos dos astros *no tempo*. As equações da física mostram como as coisas mudam *no tempo*. Das equações de Newton que fundamentam a dinâmica, às de Maxwell que detalham os fenômenos eletromagnéticos, da equação de Schrödinger que representa como acontecem os fenômenos quânticos, às da teoria quântica dos campos que descrevem a dinâmica das partículas subatômicas, toda a física é uma ciência de como as coisas evoluem "segundo a ordem do tempo".

Por uma antiga convenção, indicamos esse tempo com a letra *t* (tempo começa com "t" em francês, inglês e espanhol, mas não em alemão, árabe, russo ou chinês). O que indica *t*? Indica o número que medimos com o relógio. As equações nos dizem como as coisas mudam, à medida que o tempo contado pelo relógio passa.

Mas se relógios diferentes mostram tempos diferentes, como vimos antes, o que *t* mostra? Quando os dois amigos se reencontram depois de terem vivido um na montanha e o outro no vale, os relógios que têm no pulso marcam tempos diferentes. Qual dos dois é *t*? Os relógios num laboratório de física andam em velocidades distintas, se um está sobre a mesa e o outro no chão: qual deles marca o tempo? Como descrever a defasagem relativa dos dois relógios? Pode-se dizer que o relógio no chão desacelera em relação ao tempo real medido sobre a mesa? Ou que o relógio na mesa acelera em relação ao tempo real medido no chão?

A pergunta não tem sentido. É como se perguntar qual é *mais verdadeiro*: o valor da libra esterlina em dólares ou o valor do dólar em libras. Não existe um valor verdadeiro; há duas moedas que têm valores *uma em relação à outra*. Não existe um tempo mais real. Há dois tempos marcados por relógios reais e diferentes, que mudam *um em relação ao outro*. Nenhum dos dois é mais verdadeiro que o outro.

Aliás, não existem *dois* tempos: existem legiões de tempos. Um tempo diferente para cada ponto do espaço. Não existe um único tempo. Existe uma infinidade deles.

Em física, o tempo indicado por um relógio específico, contado a partir de um fenômeno particular, é denominado "tempo próprio". Cada relógio tem o próprio tempo. Cada fenômeno tem o seu tempo, o seu ritmo.

Einstein nos ensinou a escrever equações que representam como os tempos próprios acontecem *um em relação ao outro*. E a calcular a diferença entre dois tempos.[5]

Cada quantidade "tempo" se divide numa teia de tempos. Não descrevemos como o mundo evolui no tempo: descrevemos o que acontece em tempos locais e os tempos locais que acontecem *um em relação ao outro*. O mundo não é como um pelotão que avança no ritmo de um comandante. É uma rede de eventos que se influenciam mutuamente.

É assim que a teoria da relatividade geral de Einstein concebe o tempo. Suas equações não têm um único tempo, têm inúmeros. Entre dois acontecimentos, como a separação e o reencontro de dois relógios, a duração não é única.[6] A física não descreve como as coisas evoluem "no tempo", mas sim como elas evoluem em seus tempos e como "os tempos" evoluem *um em relação ao outro*.*

* Nota gramatical. A palavra "tempo" é usada com diversos significados interligados, porém distintos: 1. "tempo" é o fenômeno geral da sucessão dos eventos ("O tempo é inexorável"); 2. "tempo" indica um intervalo ao longo dessa sucessão ("no tempo florido da primavera"), ou então 3. a sua duração ("Quanto tempo você esperou?"); 4. "tempo" pode também indicar um momento particular ("É tempo de migrar"); 5. "tempo" indica a variável que mede a duração ("A aceleração é a derivada da velocidade em relação ao tempo"). No livro uso a palavra "tempo" indistintamente em cada um desses significados, como na língua comum. Em caso de confusão, lembre-se desta nota.

O tempo perdeu a primeira camada: sua unicidade. Cada lugar tem um tempo diferente, um ritmo distinto. As coisas do mundo se entrelaçam em danças em ritmos diferentes. Se o mundo é governado por Shiva dançante, deve haver 10 mil Shivas dançantes, numa grande dança comum, como num quadro de Matisse...

2. A perda da direção

Se mais docemente que Orfeu,
que até as árvores comoveu,
tocasses a lira,
o sangue não voltaria
à sombra inútil...
Duro destino,
mas menos árduo se torna
ao se suportar
tudo o que é impossível
fazer retroceder
(I, 24)

DE ONDE VEM A ETERNA CORRENTE?

Os relógios podem correr em velocidades diferentes na montanha e no vale, mas será que é isso que nos interessa do tempo? A água de um rio flui lentamente próximo às margens e veloz no centro, mas é sempre um fluxo... O tempo não é algo que sempre vai do passado para o futuro? Deixemos de lado a minuciosa contagem de *quanto* tempo passa, com a qual me preocupei no capítulo anterior: os *números* para contar o tempo. Há um aspecto mais essencial: o seu passar, o fluir, a *eterna corrente* da primeira das *Elegias de duíno* de Rilke:

> *A eterna corrente*
> *arrasta sempre consigo todas as épocas*
> *através dos dois reinos*
> *e em ambos as domina.*[1]

Passado e futuro são diferentes. Causas precedem efeitos. A dor vem depois da ferida, não antes. O copo se quebra em mil pedaços e os mil pedaços não reconstituem o copo. Não podemos mudar o passado; podemos ter arrependimentos, remorsos, lembranças de momentos felizes. O futuro, por sua vez, é incerteza, desejo, inquietude, espaço aberto, talvez destino. Podemos vivê-lo, escolhê-lo, porque ainda não existe; nele tudo é possível... O tempo não é uma linha com duas direções iguais: é uma flecha, com extremidades diferentes:

Essa é a principal questão do tempo, mais que a velocidade em que ele passa. Essa é a essência do tempo. Esse deslizar que sentimos arder em nossa pele, no anseio pelo futuro, no mistério da memória; aqui se esconde o segredo do tempo: o sentido do que entendemos ao pensar o tempo. O que é esse fluir? Onde se insere na gramática do mundo? O que distingue o passado, e o que foi, do futuro, o que ainda não foi, entre os meandros do mecanismo do mundo? Por que o passado é tão diferente do futuro?

A física dos séculos XIX e XX deparou com essas perguntas e encontrou algo inesperado e desconcertante, muito mais que o fato, no plano secundário, de que o tempo passa em velocidades diferentes em lugares diferentes. Nas leis elementares que descrevem os mecanismos do mundo, não existe diferença entre passado e futuro — entre causa e efeito, entre memória e esperança, entre remorso e intenção.

CALOR

Tudo começou com um regicídio. Em 16 de janeiro de 1793, a Convention Nationale de Paris votou a condenação à morte de Luís XVI. Uma origem profunda da ciência talvez seja a rebelião: não aceitar a ordem das coisas presentes.[2] Entre os membros que declararam o voto fatal está Lazare Carnot, amigo de Robespierre. Lazare era um admirador do grande poeta persa Saadi de Shiraz, o poeta capturado e escravizado pelos cruzados em Acre, e que escreveu os versos brilhantes que estão na entrada do edifício da ONU:

Os filhos de Adão formam um único corpo,
são feitos da mesma essência.
Quando o tempo aflige com dor
uma parte do corpo,
as outras partes sofrem.
Aquele que é indiferente ao sofrimento alheio
não é digno de ser chamado humano.

Uma origem da ciência talvez seja a poesia: saber enxergar além do visível. Em homenagem a Saadi, Carnot dá o nome dele a seu primeiro filho. Assim, da rebelião e da poesia nasce Sadi Carnot.

O jovem se apaixona pelas máquinas a vapor que no século XIX começam a mudar o mundo, usando o fogo para movimentar as coisas. Em 1824, escreve um livrinho com um título encantador: *Reflexões sobre a potência motriz do fogo*, no qual busca compreender as bases teóricas do funcionamento dessas máquinas. O pequeno tratado está repleto de ideias equivocadas: imagina que o calor é uma coisa concreta, uma espécie de fluido, que produz energia "caindo" das coisas quentes para as frias, como a água de uma cachoeira produz energia ao cair de cima para baixo. Mas contém uma ideia-chave: em última análise, as máquinas a vapor funcionam porque o calor passa do quente para o frio.

O livrinho de Sadi acaba parando nas mãos de um austero professor prussiano, Rudolf Clausius. É ele quem chega ao cerne da questão, enunciando uma lei que se tornará célebre: se nada ao redor muda,

> o calor *não pode* passar
> de um corpo frio para um quente.

O ponto crucial está na diferença com as coisas que caem: uma bola pode cair, mas também pode subir sozinha — por exemplo, num ricochete. O calor, não.

Essa lei enunciada por Clausius é a *única* lei geral da física que distingue o passado do futuro.

Nenhuma outra o faz: as leis do mundo mecânico de Newton, as equações da eletricidade e do magnetismo de Maxwell, as da gravidade relativística de Einstein, as da mecânica quântica de Heisenberg, Schrödinger e Dirac, as das partículas elementares dos físicos do século XX… *nenhuma* dessas equações distingue o passado do futuro.[3] Se uma sequência de eventos é permitida por essas equações, a mesma sequência revertida para trás no tempo também o é.[4] Nas equações elementares do mundo,[5] a flecha do tempo aparece *somente* quando existe calor.* A ligação entre tempo e calor é, portanto, profunda: todas as vezes que se manifesta uma diferença entre passado e futuro, o calor está envolvido. Em todos os fenômenos que se tornam absurdos se projetados para trás, há algo que esquenta.

Se assisto a um filme que mostra uma bola girando, não sei dizer se ele é projetado corretamente ou para trás. Mas se no filme a bola desacelera e para, vejo que ele está na ordem certa, porque, do contrário, mostraria acontecimentos implausíveis: uma bola que se põe em movimento sozinha. A desaceleração e a parada da bola devem-se ao atrito, que produz calor. Apenas onde há calor existe distinção entre passado e futuro. Os pensamentos se desenrolam do passado para o futuro, não o contrário, e pensar de fato provoca calor na cabeça…

Clausius introduz a quantidade que mede esse curso irreversível do calor numa única direção e — intelectual alemão — lhe atribui um nome tomado do grego, *entropia*: "Prefiro tomar o nome de quantidades científicas importantes das línguas antigas, de modo que possam ser iguais em todas as línguas vivas. Propo-

* Estritamente falando, a flecha do tempo se manifesta também em fenômenos não diretamente ligados ao calor, mas que com ele compartilham aspectos cruciais. Por exemplo, no uso dos potenciais retardados em eletrodinâmica. Também para esses fenômenos é válido o que se diz em seguida, e em especial as conclusões. Prefiro não sobrecarregar a discussão dividindo-a em todos os seus diversos subcasos.

nho, portanto, chamar a quantidade S de *entropia* de um corpo, da palavra grega para transformação: ἡ τροπή".[6]

so erhält man die Gleichung:

$$\int \frac{dQ}{T} = S - S_0, \quad (64)$$

welche, nur etwas anders geordnet, dieselbe ist, wie die unter (60) angeführte zur Bestimmung von *S* dienende Gleichung.

Sucht man für *S* einen bezeichnenden Namen, so könnte man, ähnlich wie von der Gröfse *U* gesagt ist, sie sey der *Wärme- und Werkinhalt* des Körpers, von der Gröfse *S* sagen, sie sey der *Verwandlungsinhalt* des Körpers. Da ich es aber für besser halte, die Namen derartiger für die Wissenschaft wichtiger Gröfsen aus den alten Sprachen zu entnehmen, damit sie unverändert in allen neuen Sprachen angewandt werden können, so schlage ich vor, die Gröfse *S* nach dem griechischen Worte ἡ τροπή, die Verwandlung, die *Entropie* des Körpers zu nennen. Das Wort *Entropie* habe ich absichtlich dem Worte *Energie* möglichst ähnlich gebildet, denn die beiden Gröfsen, welche durch diese Worte benannt werden sollen, sind ihren physikalischen Bedeutungen nach einander so nahe verwandt, dafs eine gewisse Gleichartigkeit in der Benennung mir zweckmäfsig zu seyn scheint.

Fassen wir, bevor wir weiter gehen, der Uebersichtlichkeit wegen noch einmal die verschiedenen im Verlaufe der

A página do artigo de Clausius em que são introduzidos o conceito e o nome de "entropia". A equação é a definição matemática da variação da entropia ($S - S_0$) de um corpo: a soma (integral) das quantidades de calor dQ, saídas do corpo à temperatura T.

A entropia de Clausius é uma quantidade mensurável e calculável,[7] indicada pela letra S, que aumenta ou permanece igual, mas *nunca diminui*, num processo isolado. Para indicar que não diminui, escreve-se:

$$\Delta S \geq 0$$

Lê-se: "Delta S é sempre maior ou igual a zero", e esse é o "segundo princípio da termodinâmica" (o primeiro é a conservação da energia). Seu conceito é que o calor passa apenas dos corpos quentes para os frios, nunca o contrário.

Desculpe-me pela equação: é a única do livro. É a equação da flecha do tempo e eu não poderia deixar de escrevê-la em um livro sobre o tempo.

É a única equação da física fundamental que conhece a diferença entre passado e futuro. A única que aborda o fluxo do tempo. Dentro dessa equação incomum existe um mundo escondido.

Quem o desvendará será um desafortunado e simpático austríaco, sobrinho de um fabricante de relógios, figura trágica e romântica: Ludwig Boltzmann.

DESFOCAR

É Ludwig Boltzmann quem começa a ver o que existe por trás da equação $\Delta S \geq 0$, lançando-nos em um dos mergulhos mais vertiginosos rumo à compreensão da gramática interna do mundo.

Ludwig trabalha em Graz, Heidelberg, Berlim, Viena, e outra vez em Graz. Atribui sua instabilidade ao fato de ter nascido na terça-feira de Carnaval. Não chega a ser uma piada, porque seu humor é mesmo instável: de coração sensível, oscila entre exaltação e depressão. Baixo, forte, de cabelos escuros e encaracolados e uma barba estilo talibã, sua namorada o chamava de "meu doce e querido gorducho". É ele, Ludwig, o desafortunado herói da direção do tempo.

Sadi Carnot pensava que o calor era uma constante, um fluido. Estava enganado. O calor é a agitação microscópica das moléculas. Um chá quente é um chá em que as moléculas se agitam muito. Um chá frio é um chá em que as moléculas se agitam pouco. Num cubo de gelo, que é ainda mais frio, as moléculas ficam ainda mais paradas.

No fim do século XIX, muitos ainda não acreditavam que moléculas e átomos existiam de fato; Ludwig estava convencido de que eles eram reais e fizera disso a sua batalha. Suas discussões com quem não acreditava nos átomos tornaram-se épicas. "Em nosso coração, nós jovens estávamos todos do lado dele", conta, anos depois, um dos entusiastas da mecânica quântica.[8] Numa dessas acaloradas polêmicas durante uma conferência em Viena, um famoso físico[9] rebatia que o materialismo científico estava morto porque as leis da matéria não conhecem a direção do tempo: os físicos também dizem bobagens.

Os olhos de Copérnico viram a Terra girar ao observar o pôr do sol. Os olhos de Boltzmann viram átomos e moléculas *movimentando-se* enfurecidamente ao observar um copo de água imóvel.

Vemos a água de um copo como os astronautas veem a Terra a partir da Lua: plácido brilho azul. Da Lua não se vê nem um pouco da exuberante agitação da vida na Terra, de plantas e animais, de amores e aflições. Apenas a bola de bilhar de muitos tons de azul. Dentro dos reflexos de um copo de água há uma análoga atividade desordenada de miríades de moléculas — muitas mais que os seres vivos na Terra.

Essa agitação *mistura* tudo. Se uma parte das moléculas está parada, é arrastada pelo frenesi das outras e também se põe em movimento: a agitação se difunde, as moléculas se chocam e se impulsionam mutuamente. Por isso as coisas frias esquentam em contato com as quentes: suas moléculas são atingidas pelas quentes e arrastadas na agitação, ou seja, esquentam.

A agitação térmica é como um contínuo embaralhar de cartas de um baralho: as cartas estão em ordem, ao embaralhar se desorganizam. Assim, o calor passa do quente para o frio e não o contrário: por embaralhamento, pela desorganização natural de tudo.

Ludwig Boltzmann entendeu isso. A diferença entre passado e futuro não está nas leis elementares do movimento, nem na gramática profunda da natureza. É a desorganização natural que conduz o mundo a situações cada vez menos peculiares, menos especiais.

É uma intuição brilhante. Correta. Mas será que esclarece a origem da diferença entre passado e futuro? Não. Só muda a pergunta. A questão agora passa a ser: por que, numa das duas direções do tempo — aquela que chamamos de passado —, as coisas estavam ordenadas? Por que o grande baralho de cartas do universo era ordenado no passado? Por que a entropia era baixa no passado?

Se observamos um fenômeno que *começa* num estado de baixa entropia, é fácil compreender por que a entropia aumenta: porque, ao se misturar, tudo se desorganiza. Mas por que os fenômenos que vemos ao nosso redor, no cosmos, *começam* em estados de baixa entropia?

Chegamos ao cerne da questão. Se as primeiras 26 cartas de um baralho são todas vermelhas e as 26 seguintes são todas pretas, dizemos que a disposição das cartas é "específica". É "ordenada". Essa ordem se perde quando se embaralha o maço. É uma disposição "de baixa entropia". E é peculiar se observo a *cor* das cartas — vermelhas ou pretas. Mas é peculiar porque levo em conta a cor. Outra disposição será considerada peculiar pelo fato de as primeiras 26 cartas serem apenas copas e espadas. Ou então descombinadas, ou aquelas em pior estado, ou exatamente as mesmas 26 cartas de três dias atrás... ou qualquer outra caracterização. Pensando bem, *qualquer disposição é peculiar*: qualquer disposição é única, se considero *todos* os detalhes, porque qualquer que seja ela sempre tem algo que a caracteriza de maneira única. Cada criança é única e particular para sua mãe.

A noção de que certas disposições são mais peculiares que outras (por exemplo, 26 cartas vermelhas seguidas de 26 pretas) só faz sentido se me limito a observar poucos aspectos das cartas (a cor, por exemplo). Se diferencio todas as cartas, as disposições são todas equivalentes: não há cartas mais ou menos específicas.[10] A noção de "peculiaridade" só surge no momento em que vejo o universo de maneira desfocada, aproximada.

Boltzmann mostrou que a entropia existe porque descrevemos o mundo de maneira desfocada. Demonstrou que a entropia é precisamente a *quantidade* de disposições diversas que a nossa visão desfocada *não* diferencia. Calor, entropia, baixa entropia do passado são noções que fazem parte de uma descrição aproximada, estatística, da natureza.

Portanto a diferença entre passado e futuro, em última análise, está ligada a esse desfocamento... Se fosse possível detectar todos os detalhes, o estado exato, microscópico, do mundo, será que os aspectos característicos do fluxo do tempo desapareceriam?

Sim. Se observo o estado microscópico das coisas, a diferença entre passado e futuro desaparece. O futuro do mundo, por exemplo, é determinado pela condição presente, nem mais nem menos que o passado.[11] Muitas vezes dizemos que as causas precedem os efeitos, mas na gramática elementar das coisas não há distinção entre "causa" e "efeito".[12] Existem regularidades, representadas pelo que chamamos de leis físicas, que ligam eventos a tempos diferentes, regularidades simétricas entre futuro e passado... Na descrição microscópica não existe um sentido em que o passado seja diferente do futuro.*

Esta é a conclusão desconcertante que emerge do trabalho de Boltzmann: a diferença entre passado e futuro se refere à *nossa* visão desfocada do mundo. É uma conclusão que nos deixa estarrecidos: como pode essa sensação tão vívida, elementar, existencial — o passar do tempo — ser decorrente do fato de que não percebo o mundo nos mínimos detalhes? Uma espécie de ofuscamento causado pela minha miopia? Se eu visse e considerasse a dança exata dos bilhões de moléculas, seria o futuro realmente "como" o passado? Eu poderia ter o mesmo conhecimento — ou ignorância — tanto do passado quanto do futuro? Concordo que nossas intuições sobre o mundo muitas vezes são equivocadas. Mas será que o mundo pode ser *tão* profundamente diferente da nossa intuição?

Tudo isso mina os alicerces da nossa maneira habitual de compreender o tempo. Gera incredulidade, como acontece em relação ao movimento da Terra. Mas, assim como ocorre com o movimento da Terra, a evidência é esmagadora: todos os fenômenos que caracterizam o fluxo do tempo se reduzem a um estado "particular" no passado do mundo, que é "particular" porque a nossa perspectiva é desfocada.

Mais adiante me aventuro a tentar observar o interior do mistério desse desfocamento e de sua relação com a estranha

* O ponto não é que o que acontece a uma colherinha fria dentro de uma xícara de chá quente depende do fato de eu ter uma visão desfocada ou não. O que acontece com a colherinha e com suas moléculas, obviamente, não depende de como eu vejo. Acontece e pronto. O ponto é que a descrição em termos de calor, temperatura e passagem de calor do chá para a colherinha é uma visão desfocada do que acontece, e é apenas nessa visão desfocada que aparece a evidente diferença entre passado e futuro.

improbabilidade inicial do universo. Aqui restrinjo-me ao fato surpreendente de que a entropia – Boltzmann compreendeu isso – nada mais é que o número dos estados microscópicos que nossa visão desfocada do mundo não consegue distinguir.

A equação que expressa isso[13] está inscrita no túmulo de Boltzmann, em Viena, acima de um busto de mármore que o retrata com a expressão austera e taciturna que a meu ver ele jamais teve. Não são poucos os jovens estudantes de física que visitam o túmulo e se detêm pensativos diante dele. Às vezes, também alguns professores mais velhos.

O tempo perdeu outra peça crucial: a intrínseca diferença entre passado e futuro. Boltzmann compreendeu que não há nada de intrínseco no fluxo do tempo. Apenas o reflexo desfocado de uma misteriosa improbabilidade do universo num ponto do passado.

É apenas essa a fonte da *eterna corrente* da elegia de Rilke.

Nomeado professor na universidade com apenas 25 anos, recebido na corte do imperador no momento de maior sucesso, duramente criticado por grande parte do mundo acadêmico que não compreendia suas ideias, sempre oscilando entre entusiasmo e depressão, o "doce e querido gorducho", Ludwig Boltzmann, termina a vida enforcando-se.

Em Duíno, perto de Trieste, enquanto a mulher e a filha nadam no Adriático.

Essa mesma Duíno onde alguns anos depois Rilke escreveria a sua elegia.

3. O fim do presente

Abre-se
a este suave vento
de primavera
o compacto gelo da imóvel
estação
e os barcos retornam ao mar...
Agora temos de tecer
coroas
e com elas cingir nossa cabeça
(I, 4)

A VELOCIDADE TAMBÉM DESACELERA O TEMPO

Dez anos antes de compreender que o tempo é desacelerado pelas massas,[1] Einstein compreendeu que o tempo é desacelerado pela velocidade.[2] A consequência dessa descoberta é a mais devastadora de todas para a nossa intuição do tempo.

O fato em si é simples: em vez de enviar os dois amigos do

primeiro capítulo para a montanha e para o vale, pedimos que um fique parado e o outro caminhe para a frente e para trás. O tempo passa mais lentamente para o amigo que caminha.

Como antes, os dois amigos experimentam durações diferentes: o que se movimenta envelhece menos, seu relógio marca menos tempo, tem menos tempo para pensar, a planta que traz consigo demora mais para germinar, e assim por diante. O tempo passa mais devagar para tudo que se move.

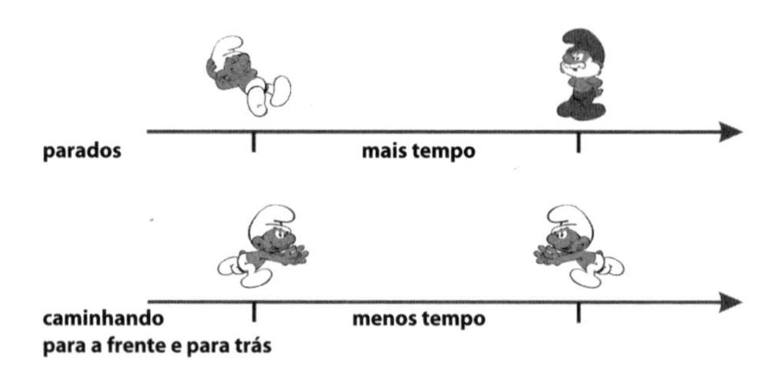

Para que esse pequeno efeito seja visível, é preciso movimentar-se rápido. Ele foi medido pela primeira vez nos anos 1970, transportando relógios de precisão em aviões com motores a jato.[3] O relógio a bordo do avião atrasa em relação a um relógio equivalente que ficou no solo. Hoje a desaceleração do tempo com a velocidade é observada em muitos experimentos de física.

Também nesse caso Einstein compreendeu que o tempo pode desacelerar, *antes* que o fenômeno fosse observado. Aos 25 anos, enquanto estudava o eletromagnetismo. Não foi sequer uma dedução muito complicada: eletricidade e magnetismo são bem descritos pelas equações de Maxwell. Elas contêm a costumeira variável tempo t, mas têm uma propriedade curiosa: se você viaja a certa velocidade, as equações de Maxwell deixam de ser verdadeiras *para você* (ou seja, não descrevem o que você mede), *a menos que* você não considere como "tempo" uma variável *diferente*, *t'*.[4] Os matemáticos[5] tinham notado essa curiosidade nas equações de Maxwell, mas ninguém compreendia o que significava. Einstein compreendeu: *t* é o tempo que passa para mim que estou parado, o ritmo em que acontecem os fenômenos parados comigo; *t'* é o "seu tempo": o ritmo em que acontecem os fenômenos que se movem junto com você. O tempo medido por meu relógio parado é *t*, já o tempo medido por seu relógio em movimento é *t'*. Ninguém tinha imaginado que o tempo poderia ser diferente para um relógio parado e para um em movimento. Einstein discerniu isso nas equações do eletromagnetismo: levou-as a sério.[6]

Um objeto em movimento experimenta, portanto, uma duração menor que um objeto parado: o relógio bate menos segundos, uma planta cresce menos, um rapaz sonha menos. Para um objeto em movimento,[7] o tempo é reduzido. Não apenas não existe um tempo comum a diversos lugares, como também não existe sequer um tempo único num só lugar. Uma duração pode ser associada somente ao movimento de alguma coisa, em determinado percurso. O "tempo próprio" não depende apenas de onde se está, da proximidade ou não de massas, mas depende também da velocidade em que nos movemos.

O fato em si é estranho. Mas sua consequência é extraordinária. Segurem firme, porque agora vamos voar.

AGORA NÃO SIGNIFICA NADA

O que está acontecendo *agora* num lugar distante? Imaginemos, por exemplo, que minha irmã foi para *Proxima b*, o planeta recém-descoberto, que orbita uma estrela próxima, a cerca de quatro anos-luz de distância de nós. Pergunta: o que minha irmã está fazendo *agora* em *Proxima b*?

A resposta correta é que a pergunta não faz sentido. É como se perguntar, estando em Veneza: "O que há *aqui*, em Beijing?". Não faz sentido, porque, se digo "aqui" e estou em Veneza, refiro-me a um lugar em Veneza, não em Beijing.

Se pergunto o que minha irmã está fazendo *agora*, a resposta em geral é fácil: olho para ela. Se está longe, ligo e pergunto. Mas atenção: se olho para minha irmã, recebo a luz que vem dela até os meus olhos. A luz leva um tempo para viajar, digamos, alguns nanossegundos — um bilionésimo de segundo —, portanto, não vejo o que ela está fazendo *agora*: vejo o que estava fazendo há um nanossegundo. Se está em Nova York e ligo para ela, sua voz demora alguns milissegundos para viajar de Nova York até mim; portanto, posso saber o que minha irmã fazia alguns milissegundos antes. Bobagens.

Se minha irmã está em *Proxima b*, porém, a luz demora quatro anos para percorrer de lá até aqui. Assim, se observo minha irmã com um telescópio, ou se recebo uma mensagem dela por rádio, sei o que ela fazia há quatro anos, não o que está fazendo agora. Certamente "*agora* em *Proxima b*" não é o que vejo no telescópio ou o que ouço da voz de minha irmã que vem do rádio.

Então é possível dizer que o que minha irmã faz *agora* corresponde ao que ela faz quatro anos depois do momento em que a observo pelo telescópio? Não, não é assim que funciona: quatro anos depois do momento em que a vejo, de acordo com o tempo dela, ela já poderia ter voltado à Terra, dali a dez anos terrestres. Portanto, com certeza não é *agora*!

Ou então: se dez anos atrás, ao partir para *Proxima b*, minha irmã levou um calendário para contar o tempo, posso pensar que, para ela, *agora* é depois de ter contado dez anos? Não, não é assim que funciona: dez anos *dela* depois da partida, ela já poderia ter voltado para cá, onde nesse intervalo já se passaram vinte anos. Então, quando é *agora* em *Proxima b*?

A realidade é que é preciso desistir.[8] Não existe nenhum momento especial em *Proxima b* que corresponda ao aqui e agora que é o presente.

Caro leitor, faça uma pausa e deixe que seus pensamentos assimilem essa conclusão. Acho que essa é a conclusão mais espantosa de toda a física contemporânea.

Perguntar-se qual momento da vida de minha irmã em *Proxima b* corresponde ao *agora* não faz sentido. É como perguntar qual time de futebol venceu o campeonato de basquete, quanto dinheiro uma andorinha ganhou, ou quanto pesa uma nota musical. São perguntas sem sentido porque os times de futebol jogam futebol e não basquete, as andorinhas não têm qualquer relação com dinheiro e os sons não têm peso. Os campeonatos de basquete envolvem os times de basquete, não os de futebol. Os ganhos em dinheiro referem-se aos seres humanos na sociedade, não às andorinhas. A noção de "presente" diz respeito às coisas próximas, não às distantes.

Nosso "presente" não se estende a todo o universo. É como uma bolha perto de nós.

Qual a extensão dessa bolha? Depende da precisão com que determinamos o tempo. Se é de nanossegundos, o presente é definido apenas por poucos metros; se é de milissegundos, o presente é definido por quilômetros. Nós humanos distinguimos, quando muito, os décimos de segundo, e podemos tranquilamente considerar todo o planeta Terra como uma única bolha, onde nos referimos ao presente como um instante comum a todos nós. Não passa disso.

Mais além está o nosso passado (os acontecimentos ocorridos antes daquilo que podemos ver). E o nosso futuro (os acontecimentos que ocorrerão depois do momento em que se puder ver de lá o aqui e o agora). Mas entre um e outro há um intervalo que não é nem passado nem futuro e tem uma duração: quinze minutos em Marte, oito anos em *Proxima b*, milhões de anos na galáxia de Andrômeda. É o presente estendido.[9] Talvez a maior e mais estranha descoberta de Albert Einstein.

A ideia de que existe um *agora* bem definido em todas as partes do universo é, portanto, uma ilusão, uma extrapolação ilegítima da nossa experiência.[10] É como o ponto onde o arco-íris toca a floresta: temos a impressão de que o vemos, mas, se formos até lá para nos certificar, não encontraremos nada.

Se no espaço interplanetário pergunto: estas duas rochas têm "a mesma altura"? A resposta certa é: "É uma pergunta sem sentido, porque não existe uma única noção de 'mesma altura' no universo". Se pergunto: estes dois eventos, um na Terra e outro em *Proxima b*, ocorrem "ao mesmo momento"? A resposta certa é: "É uma pergunta sem sentido, porque não existe 'um mesmo momento' definido no universo".

O "presente do universo" não quer dizer nada.

A ESTRUTURA TEMPORAL SEM O PRESENTE

Gorgo foi a mulher que salvou a Grécia ao perceber que uma tabuleta encerada enviada da Pérsia por um grego continha uma mensagem secreta escondida *sob* a cera; a mensagem avisava os gregos do iminente ataque persa. Gorgo teve um filho, Plistarco, com Leônidas, rei de Esparta e herói da Batalha de Termópilas, que era seu tio: irmão de seu pai Cleômenes. Quem pertence à "mesma geração" de Leônidas? Gorgo, que é a mãe do seu filho, ou Cleômenes, que é filho do mesmo pai? Abaixo há um pequeno esquema para aqueles que, como eu, têm dificuldades com relações de parentesco.

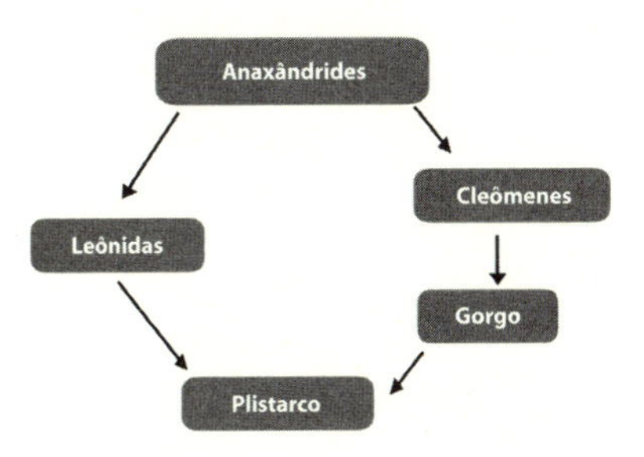

Há uma analogia entre as gerações e a estrutura temporal do mundo evidenciada pela relatividade: não faz sentido se perguntar se Cleômenes ou Gorgo são da "mesma geração" de Leônidas, porque não existe uma noção unívoca[11] de "mesma geração". Se dissermos que Leônidas e seu irmão são "da mesma geração" porque têm o mesmo pai, e Leônidas e sua mulher são "da mesma geração" porque têm o mesmo filho, depois temos de dizer que essa "mesma geração" inclui tanto Gorgo como seu pai! A relação de filiação estabelece uma ordem entre os seres humanos (Leônidas, Gorgo e Cleômenes vêm todos *depois* de Anaxândrides e *antes* de Plistarco...), mas não entre *todos* os seres humanos: Leônidas e Gorgo não estão nem antes nem depois um em relação ao outro.

Os matemáticos denominam de "ordem parcial" aquela estabelecida pela relação de filiação. Uma ordem parcial determina uma relação de *antes* e *depois* entre alguns elementos, mas não entre todos. Os seres humanos formam um conjunto "parcialmente ordenado" (não "completamente ordenado") segundo a relação de filiação. A filiação determina uma ordem (*antes* os descendentes, *depois* os ascendentes), mas esta não se aplica a todos. Para compreendê-la, basta pensar numa árvore genealógica, como a de Gorgo:

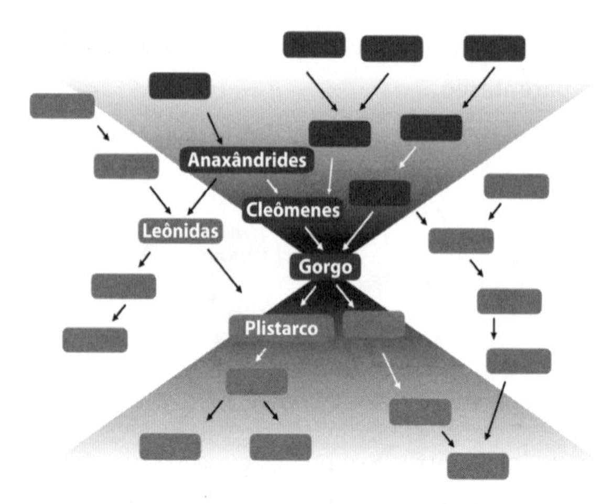

Há o cone "passado", que compreende os antepassados, e o cone "futuro", que compreende os descendentes. Fora dos cones ficam aqueles que não são nem uns, nem outros.

Cada ser humano tem o próprio cone passado de antepassados e o cone futuro de descendentes. Os de Leônidas estão representados a seguir, ao lado dos de Gorgo.

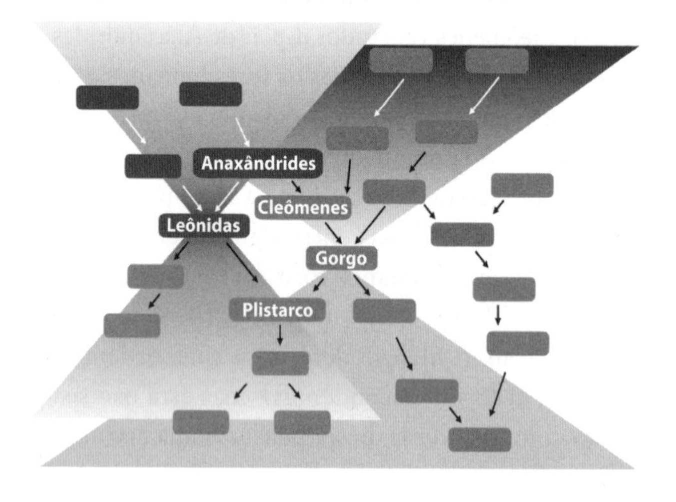

A estrutura temporal do universo é muito semelhante. Ela também é composta por cones. A relação de "preceder no tempo" é uma relação de ordem parcial formada por cones.[12] A relatividade especial consiste na descoberta de que a estrutura temporal do universo é como as relações de parentesco: define uma ordem entre os eventos do universo que é *parcial* e não *completa*. O presente estendido é o conjunto dos eventos que não são nem passados nem futuros: existe, assim como existem seres humanos que não são nem nossos descendentes nem nossos antepassados.

Se quisermos representar todos os eventos do universo e suas relações temporais, não poderemos mais fazê-lo com uma única distinção universal entre passado, presente e futuro, assim:

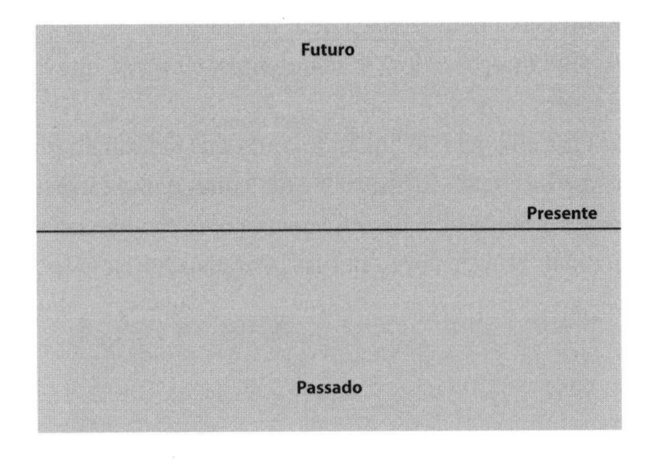

Em vez disso, teremos de fazê-lo dispondo acima e abaixo de cada evento o cone dos seus eventos futuros e passados:

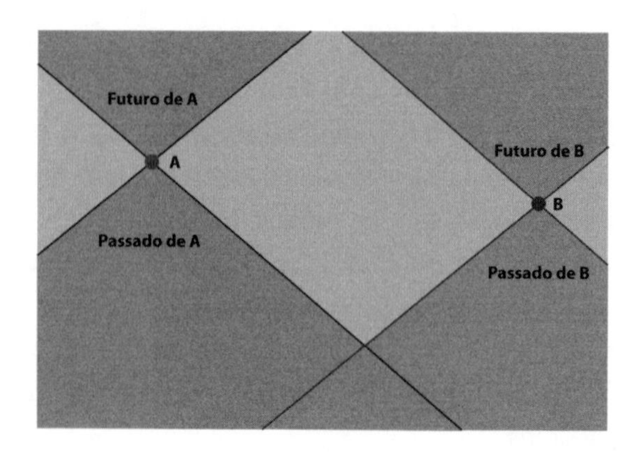

(Os físicos costumam desenhar — não sei por quê — o futuro na parte de cima e o passado na de baixo, o contrário das árvores genealógicas.) Cada evento tem o seu passado, o seu futuro, e uma parte do universo nem passada nem futura, assim como todo ser humano tem antepassados, descendentes, e outros que não são nem uns, nem outros.

A luz viaja ao longo de linhas oblíquas que delimitam esses cones. Por isso os cones são chamados de "cones de luz". Costuma-se desenhar essas linhas oblíquas a 45 graus, como na última ilustração, mas seria mais realista apresentá-las bem mais horizontais, assim:

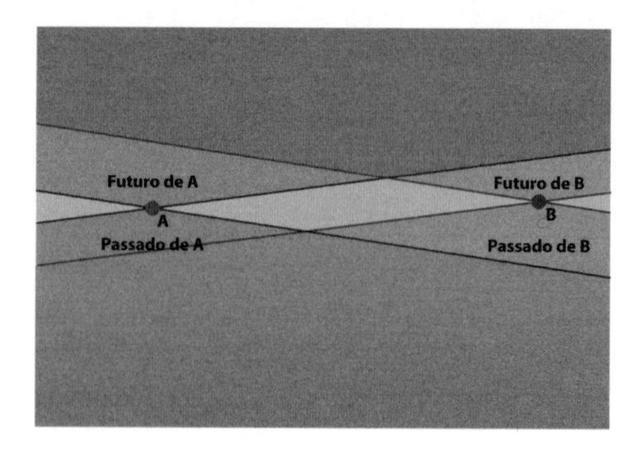

Porque, nas escalas com as quais estamos habituados, o presente estendido, que separa o passado do futuro, é muito curto (nanossegundos) e quase imperceptível, por isso fica "esmagado" numa fina faixa horizontal, que geralmente denominamos "presente", sem nenhum qualificativo.

Em suma: um presente comum não existe. A estrutura temporal do espaço-tempo não é uma estratificação de tempos como esta:

Mas sim uma estrutura formada pelo conjunto de todos os cones de luz:

Essa é a estrutura do espaço-tempo que Einstein compreendeu aos 25 anos.

Dez anos depois, ele percebeu que a velocidade do tempo muda de um lugar para outro. Em decorrência disso, o desenho do espaço-tempo na verdade não é tão ordenado como acima, mas pode ser deformado. Assim:

Quando passa uma onda gravitacional, por exemplo, os pequenos cones de luz oscilam todos juntos à direita e à esquerda como espigas de trigo ao vento. A estrutura dos cones pode até fazê-los voltar, indo sempre rumo ao futuro, ao mesmo ponto do espaço-tempo, assim:

De maneira que um percurso contínuo rumo ao futuro retorne ao evento de partida.*[13] O primeiro a se dar conta disso foi Kurt Gödel, o grande matemático do século XX e o último amigo de Einstein — os dois passeavam juntos pelas vielas de Princeton na velhice.

Nas proximidades de um buraco negro, os cones de luz se inclinam todos para o buraco, assim:[14]

* As "linhas temporais fechadas", onde o futuro remete ao passado, são aquelas que assustam quem pensa que um filho poderia matar a mãe antes do próprio nascimento. Mas não existe nenhuma contradição lógica na existência de linhas temporais fechadas ou de viagens para o passado; somos nós que complicamos as coisas com fantasias confusas sobre a liberdade do futuro.

Porque a massa do buraco negro desacelera o tempo a tal ponto que na borda (denomina-se "horizonte") o tempo para. Se olharem bem, a superfície do buraco negro é paralela às bordas dos cones. Portanto, para sair de um buraco negro seria preciso mover-se (como na trajetória cinza da figura a seguir) em direção ao presente e não em direção ao futuro!

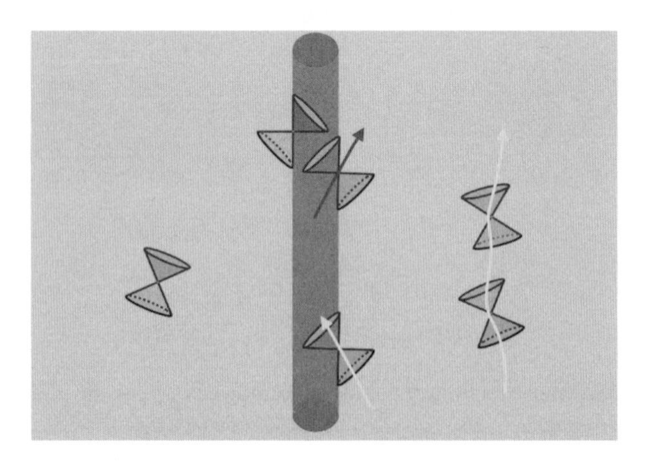

O que é impossível. Os objetos só se movem em direção ao futuro, como nas trajetórias brancas da figura. Isto é um buraco negro: um inclinar-se para o interior dos cones de luz, que forma um horizonte, fechando uma região do espaço no futuro de tudo aquilo que está ao redor dele. Nada mais que isso. É essa curiosa estrutura local do presente que produz os buracos negros.

Faz mais de cem anos que aprendemos que o "presente do universo" não existe. No entanto, isso ainda nos confunde, parece difícil de conceber. Alguns físicos às vezes se rebelam e tentam dizer que não é verdade.[15] Os filósofos continuam a discutir o desaparecimento do presente. Hoje há inúmeras conferências sobre o tema.

Se o presente não significa nada, o que "existe" no universo? O que "existe" não é o que há "no presente"? A ideia de que o universo existe *agora* numa determinada configuração, e tudo muda com o passar do tempo, já não serve.

4. A perda da independência

E aquela onda
navegaremos todos
os que nos nutrimos
dos frutos da terra
(II, 14)

O QUE ACONTECE QUANDO NÃO ACONTECE NADA?

Bastam poucos microgramas de LSD para que nossa experiência do tempo se dilate de maneira épica e mágica.[1] "Quanto tempo dura o eterno?", pergunta Alice. "Às vezes, apenas um segundo", responde o Coelho Branco. Há sonhos que duram instantes em que tudo parece congelado por uma eternidade.[2] Na nossa experiência pessoal, o tempo é elástico. Horas voam como minutos e minutos podem se impor lentos como se fossem séculos. De um lado, o tempo é estruturado pela liturgia: a Páscoa vem depois da Quaresma e à Quaresma segue-se o Natal; o Ramadã começa com o Hilal e se encerra com o Eid al-Fitr. De outro, toda experiência mística, como o momento sagrado em que a hóstia é consagrada, transcende o tempo, toca a eternidade. Antes que Einstein dissesse que não era verdade, o que nos levou a pensar que o tempo devia passar à mesma velocidade em todos os lugares? Com certeza não foi nossa *experiência* direta de duração que nos incutiu a ideia de que o tempo flui igual sempre e em todo lugar. Onde aprendemos isso?

Há séculos, *dividimos* o tempo em dias. A palavra "tempo" deriva de uma raiz indo-europeia, *di* ou *dai*, que indica "dividir". Há séculos, dividimos o dia em horas.[3] Na maioria desses séculos, porém, as horas eram mais longas no verão e mais curtas no inverno, porque as doze horas marcavam o tempo entre o nascer e o pôr do sol: a hora sexta era o alvorecer, independentemente da estação, como lemos na parábola do dono da vinha do Evangelho segundo Mateus.[4] Como (ainda hoje) no verão se passa "mais tempo" entre o nascer e o pôr do sol que no inverno, no verão as horas eram longas, no inverno, curtas...

Meridianas, ampulhetas e relógios d'água já existiam no mundo antigo ao redor do Mediterrâneo e na China, mas não desempenhavam o papel dos relógios de hoje na organização da nossa vida. Foi só por volta do século XIII que, na Europa, a vida das pessoas começou a ser regulada por relógios mecânicos. Cidades e aldeias passaram a construir sua igreja, ao lado da igreja o campanário, e sobre o campanário um relógio que dita o ritmo das funções coletivas. Tem início a era do tempo regulado pelos relógios.

Aos poucos, o tempo passa das mãos dos anjos para as dos matemáticos: um bom exemplo disso é a catedral de Estrasburgo, onde duas meridianas construídas com poucos séculos de diferença são sustentadas respectivamente por um anjo (a meridiana do século XIII) e por um matemático (a meridiana do fim do século XV).

A função dos relógios é indicarem todos a mesma hora. Mas essa ideia também é mais moderna do que podemos imaginar. Durante séculos, enquanto se viajava a cavalo, a pé ou de carruagem, não havia motivo para sincronizar os relógios de um lugar para outro. Existia um ótimo motivo para *não* fazê-lo: meio-dia é, por definição, o momento em que o sol está mais alto no céu. Cada cidade ou aldeia tinha uma meridiana que marcava o momento em que o sol estava a meio-dia e permitia regular o relógio do campanário, visível a todos. O sol não chega ao meio-dia no mesmo momento em Lecce, Veneza, Florença ou Turim, porque vai de leste para oeste. Meio-dia chega primeiro em Veneza e bem mais tarde em Turim, e durante muitos séculos os relógios de Veneza estiveram uma boa meia hora adiantados em relação aos de Turim. Cada cidadezinha tinha sua "hora" peculiar. A estação de Paris mantinha uma hora própria um pouco atrasada em relação ao restante da cidade por cortesia aos viajantes.[5]

No século XIX, chega o telégrafo, os trens se tornam comuns e rápidos, e passa a ser importante sincronizar bem os relógios de uma cidade para outra. É difícil organizar horários ferroviários se cada estação tiver uma hora diferente das outras. Os Estados Unidos são o primeiro país a tentar padronizar a hora. A proposta inicial é estabelecer uma hora universal para todo o mundo. Chamar, por exemplo, de "doze horas" o momento em que é meio-dia *em Londres*, de modo que o meio-dia corresponda às doze horas em Londres e a aproximadamente dezoito horas em Nova York. A proposta não agrada, porque as pessoas são apegadas às horas locais. O acordo é obtido em 1883, com a ideia de dividir o mundo em fusos "horários" e padronizar a hora só dentro de cada fuso. Desse modo, a discrepância entre as doze horas do relógio e o meio-dia local compreende no máximo em torno de trinta minutos. Aos poucos, a proposta é aceita no restante do mundo, e os relógios começam a ser sincronizados entre cidades diferentes.[6]

Não por acaso, o jovem Einstein, antes de ter um cargo na universidade, trabalhava no Escritório de Patentes suíço, ocupando-se, entre outras coisas, precisamente de patentes para sincronizar os relógios entre estações ferroviárias! É provável que tenha sido ali que ele se deu conta de que sincronizar os relógios poderia ser, afinal, um problema insolúvel.

Em outras palavras, passaram-se apenas poucos anos entre o momento em que os homens entraram num acordo para sincronizar os relógios e o momento em que Einstein percebeu que não é possível fazê-lo com exatidão.

Antes dos relógios, por milênios, a única medição regular do tempo para a humanidade foi a alternância do dia e da noite. O ritmo de dia e noite marca também a vida de animais e plantas. Ritmos diurnos são onipresentes no mundo vivo. São essenciais para a vida, e acho provável que tenham desempenhado um papel fundamental também para a própria origem da vida na Terra: basta uma oscilação para acionar um mecanismo. Os seres vivos estão repletos de relógios, de diversos tipos: moleculares, neuronais, químicos, hormonais, mais ou menos em sincronia uns com os outros.[7] Existem mecanismos químicos que marcam o ritmo de 24 horas até na bioquímica elementar de cada célula.

O ritmo diurno é uma fonte elementar da nossa ideia de tempo: a noite vem depois do dia, o dia vem depois da noite. Contamos as batidas desse grande relógio, contamos os dias. Na consciência antiga da humanidade, o tempo é antes de tudo a contagem dos dias.

Além dos dias, contaram-se também os anos e as estações, os ciclos da lua, as oscilações de um pêndulo, o número de vezes que uma ampulheta é virada. Esta é a maneira como tradicionalmente pensamos o tempo: contar como as coisas mudam.

De acordo com o que sabemos, Aristóteles foi o primeiro a se questionar sobre o que é o tempo, e chegou a esta conclusão: o tempo é a medida da mudança. As coisas mudam continuamente: chamamos de "tempo" a medida, a contabilização dessa mudança.

A ideia de Aristóteles é consistente: o tempo é aquilo a que nos referimos quando perguntamos "quando?". "Daqui a quanto *tempo* você vai voltar?" significa "quando você vai voltar?". A resposta para a pergunta "quando?" diz respeito a um acontecimento. "Voltarei em três dias" significa que entre a partida e o retorno o sol terá completado três voltas no céu. É simples.

Mas então, se nada muda, se nada se move, o tempo não passa?

Aristóteles acreditava que não. Se nada muda, o tempo não passa, porque o tempo é a maneira de nos localizarmos em relação à mudança das coisas: o que nos situa em relação à contagem dos dias. O tempo é a medida da mudança:[8] se nada muda, não existe tempo.

E o tempo que ouço passar em silêncio? "Se está escuro e não sentimos nenhuma afecção corporal", escreve Aristóteles na *Física*, "um certo movimento ainda está presente na alma, e logo temos a impressão de que simultaneamente também um certo tempo está passando."[9] Em outros termos, até o tempo que sentimos passar dentro de nós é a medida de um movimento: um movimento em nós... Se nada se move, não existe tempo, porque o tempo é apenas o vestígio do movimento.

Newton, por sua vez, pensa exatamente o contrário.

Nos *Principia*, sua obra mais importante, ele escreve:

> Não defino o tempo, [...] pois é muito conhecido por todos. Deve-se observar, contudo, que comumente essa quantidade só é concebida em relação a coisas perceptíveis. A partir disso nascem os vários preconceitos e para eliminá-los convém distinguir o tempo *relativo*, *aparente* e *comum* do tempo *absoluto*, *verdadeiro* e *matemático*. O tempo relativo, aparente e comum é uma medida de duração perceptível e externa obtida por meio do movimento e que geralmente é empregada no lugar do verdadeiro tempo: é o caso da hora, do dia, do mês, do ano. O tempo absoluto, verdadeiro, matemático, por si só e por natureza, flui uniformemente sem relação a nada externo.[10]

Em outras palavras, Newton reconhece que existe o "tempo" que mede os dias e os movimentos, o tempo de Aristóteles (relativo, aparente e comum). Mas declara que, além deste, deve existir também um *outro* tempo. O tempo "verdadeiro": que passa *de qualquer modo*, e é independente das coisas e de seus acontecimentos. Se todas as coisas parassem imóveis e se até os movimentos da nossa alma se congelassem, este tempo, afirma Newton, continuaria a fluir, imperturbável e idêntico a si mesmo: o tempo "verdadeiro". É o contrário do que escreve Aristóteles.

O tempo "verdadeiro", diz Newton, não é acessível diretamente, mas apenas indiretamente, com o cálculo. Não é aquele oriundo dos dias, porque:

> Os dias naturais na realidade não têm a mesma duração, embora comumente sejam considerados iguais, e os astrônomos devem corrigir essa variabilidade usando acuradas deduções a partir dos movimentos celestes.[11]

Quem está com a razão? Aristóteles ou Newton? Dois dos mais sábios e profundos investigadores da natureza que a humanidade já teve nos sugerem duas maneiras opostas de pensar o tempo. Dois gigantes nos puxam para direções opostas.[12]

Aristóteles:
O tempo é apenas medida da mudança.

Newton:
Há um tempo que flui mesmo quando nada muda.

O tempo é apenas uma maneira de medir como as coisas mudam, como sugere Aristóteles; ou temos de pensar que existe um tempo absoluto que flui por si só, independentemente das coisas? A pergunta certa é: qual dessas duas maneiras de pensar o tempo é mais útil para compreender o mundo? Qual dos dois esquemas conceituais é mais eficaz?

Por alguns séculos, a razão parece pender para o lado de Newton. O esquema de Newton, baseado na ideia de tempo independente das coisas, permitiu a construção da física moderna, que funciona terrivelmente bem. E concebe a existência do tempo como entidade que flui uniforme e imperturbável. Newton escreve equações que descrevem como as coisas se movem *no tempo*: contêm a letra *t*, o tempo.[13] O que essa letra indica? Indica o tempo *t* marcado pelas horas mais longas no verão e mais curtas no inverno? Claro que não. Indica o tempo "absoluto, verdadeiro e matemático" que, segundo a concepção de Newton, flui *independentemente do que muda e do que se move*.

Para Newton, os relógios são aparelhos que procuram, ainda que de maneira sempre imprecisa, acompanhar esse fluxo igual e uniforme do tempo. Newton escreve que esse tempo "absoluto, verdadeiro e matemático" não é perceptível. Ele deve ser deduzido, com cálculo e atenção, a partir da regularidade dos fenômenos. O tempo de Newton não é uma evidência dos nossos sentidos: é uma elegante construção intelectual. Se a existência desse tempo newtoniano, independente das coisas, lhe parece simples e natural, é porque foi o que você estudou na escola. Porque, aos poucos, essa se tornou a maneira de pensar de todos nós. Filtrada pelos livros didáticos de todo o mundo, para que se tornasse a forma comum de pensar o tempo. Fizemos dela a nossa intuição. Mas a existência de um tempo uniforme, independente das coisas e de seu movimento, que *hoje* pode parecer natural para nós, não é a intuição antiga e natural da humanidade. É uma ideia de Newton.

A maioria dos filósofos, de fato, não gostou nem um pouco dessa ideia: ficou famosa a exasperada reação de Leibniz em defesa da tese tradicional de que o tempo é apenas uma ordem de acontecimentos, e não existe como entidade autônoma. Diz a lenda que Leibniz, cujo nome às vezes ainda é escrito com um "t" (Leibnitz), retirou de propósito essa letra de seu nome, como testemunho da sua fé na *não* existência de *t*, o tempo.[14]

Até Newton, a humanidade via o tempo como a maneira de contar como as coisas mudam. Antes dele ninguém pensava que podia existir um tempo independente delas. Não convém tomar nossas intuições e ideias como "naturais": muitas vezes elas são produto da reflexão de pensadores ousados que nos precederam.

Mas entre os dois gigantes, Aristóteles e Newton, é Newton quem tem mesmo razão? O que é exatamente esse "tempo" que ele introduziu, convencendo o mundo inteiro de sua existência — um tempo que funciona tão bem nas suas equações, e que *não* é o tempo percebido?

Para se desprender dos dois gigantes e, de certa forma, levá-los a um acordo, é necessário um terceiro gigante. Antes de chegar a ele, porém, uma pequena digressão sobre o espaço.

O QUE EXISTE ONDE NÃO EXISTE NADA?

As duas interpretações do tempo (medida do "quando" em relação aos acontecimentos, como quer Aristóteles, ou entidade que flui mesmo quando nada acontece, como quer Newton) podem ser aplicadas para o espaço.

O tempo é aquilo a que nos referimos ao perguntar "quando?". O espaço é aquilo de que falamos ao perguntar "onde?". Se pergunto onde fica o Coliseu, uma resposta é "em Roma". Se pergunto "onde você está?", uma possível resposta é "em casa". Responder "onde está alguma coisa?" significa indicar o que existe *ao redor* dela. Quais outras coisas estão *ao redor* daquilo. Se digo "estou no Saara", você me imagina cercado de uma vastidão de dunas.

Aristóteles foi o primeiro a discutir com atenção e profundidade o que significa "espaço", ou "lugar", e a dar-lhe uma definição precisa: o lugar de uma coisa é aquilo que está ao redor daquela coisa.[15]

Como no caso do tempo, Newton sugere que se pense diferente. Ele chama de "relativo, aparente e comum" o espaço definido por Aristóteles: elencar o que está ao redor de cada coisa. Chama de "absoluto, verdadeiro e matemático" o espaço em si, que existe também onde não há nada.

A diferença entre Aristóteles e Newton é flagrante. Para Newton, entre duas coisas também pode haver "espaço vazio". Para Aristóteles, "espaço vazio" é um absurdo, porque o espaço é apenas a ordem das coisas. Sem coisas, sua extensão, o contato entre elas, não existe espaço. Newton imagina que tudo está inserido num "espaço" que continua a existir, vazio, mesmo se retirarmos as coisas. Para Aristóteles, o "espaço vazio" é um contrassenso porque, se duas coisas não se tocam, isso significa que há algo mais entre elas e, se existe algo, este por si só é uma coisa, portanto existe; não pode não haver "nada".

Acho curioso que essas duas maneiras de pensar o espaço provenham da experiência cotidiana. A diferença se deve a um estranho acidente do mundo em que vivemos: a tenuidade do ar, cuja presença mal conseguimos perceber. Podemos dizer: vejo uma mesa, uma cadeira, uma caneta, o teto, e entre mim e a mesa *não há nada*. Ou então dizer que entre uma coisa e outra *existe ar*. Às vezes falamos do ar como se fosse alguma coisa, outras como se fosse nada. Às vezes como se existisse, outras como se não existisse. Dizemos "este copo está vazio", para dizer que está cheio de ar. Assim, podemos pensar no mundo ao nosso redor como "quase vazio", com alguns objetos espalhados aqui e ali, ou então, como "todo cheio" de ar. No fundo, Aristóteles e Newton não usam metafísica profunda: apenas lançam mão dessas duas diferentes maneiras intuitivas e ingênuas de ver o mundo que nos cerca, considerando ou não o ar, e as transformam em definições do espaço.

Aristóteles, sempre o mais aplicado, procura ser mais preciso: não diz que o copo está vazio, diz que está cheio de ar. E nota que, em nossa experiência, não existe um lugar onde "não existe nada, nem mesmo o ar". Newton, que mais do que à precisão visa à eficiência do esquema conceitual a ser construído para descrever o movimento das coisas, pensa nos objetos, não no ar. O ar, afinal, parece surtir pouco efeito sobre uma pedra que cai: podemos imaginar que não existe.

Assim como no caso do tempo, o "espaço continente" de Newton pode soar natural, mas é uma ideia recente, que se difundiu em virtude da grande influência do pensamento do físico. O que hoje parece intuitivo é resultado da elaboração científica e filosófica do passado.

A ideia newtoniana de "espaço vazio" parece encontrar confirmação quando Torricelli mostra que é possível tirar o ar de uma garrafa. Mas logo se descobre que dentro da garrafa ainda restam muitas entidades físicas: campos elétricos e magnéticos, e um pulular contínuo de partículas quânticas. A existência do vazio completo, sem qualquer entidade física a não ser o espaço amorfo, "absoluto, verdadeiro e matemático", continua a ser uma brilhante ideia teórica introduzida por Newton para fundamentar sua física, não uma evidência experimental. Uma hipótese genial, talvez a intuição profunda do maior dos cientistas, mas será que corresponde à realidade das coisas? Existe mesmo o espaço de Newton? Se existe, é realmente amorfo? Pode haver um lugar onde não existe nada?

A pergunta é análoga à pergunta sobre o tempo: existe o tempo "absoluto, verdadeiro e matemático" de Newton, que flui quando nada acontece? Se existe, é absolutamente diferente das coisas do mundo? Tão independente delas?

A resposta para todas essas perguntas é uma inesperada síntese dos pensamentos aparentemente opostos dos dois gigantes. Para realizá-la, um terceiro gigante teve de entrar na dança.*

A DANÇA DE TRÊS GIGANTES

A síntese entre o tempo de Aristóteles e o de Newton é a pérola dos pensamentos de Einstein.

A resposta é que, sim, o tempo e o espaço que Newton intuiu existirem no mundo além da matéria tangível de fato *existem*. São reais. Tempo e espaço são coisas reais. Mas nada têm de absolutos, de modo algum são independentes do que acontece e não são nem um pouco distintos das outras substâncias do mundo, como Newton imaginava. Podemos pensar que existe a grande tela newtoniana na qual está desenhada a história do mundo. Mas essa tela é da mesma substância de que são feitas as outras coisas do mundo, da mesma substância de que são feitos a pedra, a luz e o ar.

Os físicos chamavam de "campos" as substâncias que constituem, ao menos pelo que sabemos hoje, a trama da realidade física do mundo. Às vezes têm nomes exóticos: os campos "de

* Fui criticado por ter contado a história da ciência como se fosse apenas resultado do pensamento de poucas mentes geniais, e não um lento trabalho de gerações. A crítica é pertinente, e peço desculpas às gerações que fizeram, e continuam a fazer, o trabalho necessário. Minha única ressalva é que não estou fazendo análise histórica detalhada, nem metodologia da ciência. Estou apenas sintetizando as passagens cruciais. Foram necessários os lentos progressos técnicos, culturais e artísticos de inúmeras oficinas de pintores e artesãos para se chegar à Capela Sistina. Mas, no final, quem pintou a Capela Sistina foi Michelangelo.

Dirac" são o tecido de que são feitas as mesas e as estrelas. O campo "eletromagnético" é a trama de que é feita a luz e ao mesmo tempo a origem das forças que produzem o movimento dos motores elétricos e giram a agulha da bússola para o Norte. Mas existe também o campo "gravitacional": é a origem da força da gravidade, porém é também a trama que tece o espaço e o tempo de Newton, na qual está desenhado o restante do mundo. Os relógios são mecanismos que medem sua extensão. Os metros são porções de matéria que medem outro aspecto dela.

O espaço-tempo é o campo gravitacional (e vice-versa). É algo que existe por si só, como intuiu Newton, mesmo sem matéria. Mas não é uma entidade diferente do restante das coisas do mundo — como pensava ele —, é um campo como os outros. Mais que um desenho numa tela, o mundo é uma sobreposição de telas, de camadas, dentre as quais o campo gravitacional é apenas uma. Como as outras, não é nem absoluto, nem uniforme, nem fixo, mas se dobra, se estende, é puxado e atraído com os outros. Equações descrevem a influência recíproca de todos os campos uns sobre os outros, e o espaço-tempo é um deles.*

* O percurso através do qual Einstein chegou a essa conclusão foi longo: não se encerrou com a escrita das equações de campo em 1915, mas continuou num tortuoso esforço para compreender seu significado físico, que o levou a mudar várias vezes de ideia. Einstein, em particular, estava muito confuso sobre a existência de soluções sem matéria e sobre o caráter real ou não das ondas gravitacionais. Chegou a uma clareza definitiva apenas nos últimos escritos, em especial no quinto apêndice *Relativity and the Problem of Space* [A relatividade e o problema do espaço], acrescentado à quinta edição de *Relativity: The Especial and General Theory* [A teoria da relatividade especial e geral] (Londres: Methuen, 1954). O apêndice pode ser lido em <http://www.relativitybook.com/resources/Einstein_space.html>. Acesso em: 18 jan. 2018. Por motivos de direitos autorais, esse apêndice não foi incluído na maioria das edições do livro. Uma discussão aprofundada encontra-se no capítulo 2 de meu *Quantum Gravity* [Gravidade quântica] (Cambridge: Cambridge University Press, 2004).

O campo gravitacional também pode ser liso e plano como uma superfície reta, e foi esse que Newton descreveu. Se o medimos com um metro, encontramos então a geometria de Euclides, que estudamos no Ensino Médio. Mas o campo também pode ser ondular, e estas são as ondas gravitacionais. Pode se concentrar e se tornar rarefeito.

Lembra-se dos relógios que atrasam perto das massas, no capítulo 1? Eles atrasam porque ali há, literalmente, "menos" campo gravitacional. Ali há menos tempo.

A tela formada pelo campo gravitacional é como uma grande folha elástica que pode ser estendida e puxada. Seu estender-se e curvar-se é a origem da força da gravidade, a queda das coisas, e a descreve melhor que a velha teoria da gravitação de Newton.

Reconsidere a figura do capítulo 1 que ilustrava como o tempo passa mais rápido no alto que embaixo; agora imagine que a folha de papel em que a figura está desenhada é elástica; pense em puxá-la de maneira que o tempo mais longo na montanha se torne efetivamente mais longo. Você obterá algo como a imagem a seguir, que representa o espaço (a altura, na vertical) e o tempo (na horizontal): mas agora o tempo "mais longo" na montanha corresponde de fato a um comprimento maior.

Esta imagem ilustra aquilo que os físicos chamam de espaço-tempo "curvo". Curvo porque é distorcido: as distâncias são estendidas e contraídas como a folha elástica estendida. Por isso os cones de luz se inclinam nas ilustrações do capítulo anterior.

Assim, o tempo se torna parte de uma complicada geometria tecida lado a lado com a geometria do espaço. Essa é a síntese que Einstein encontra entre a ideia do tempo de Aristóteles e a de Newton. Com um golpe de mestre, Einstein compreende que *ambos*, Aristóteles e Newton, estão certos. Newton tem razão ao intuir que existem mais coisas além daquelas simples que vemos se movimentar e mudar. O tempo verdadeiro e matemático de Newton existe, é uma entidade real: é o campo gravitacional, a folha elástica, o espaço-tempo curvo da figura. Mas ele erra ao presumir que esse tempo é independente das coisas e flui regular, imperturbável, independentemente de tudo.

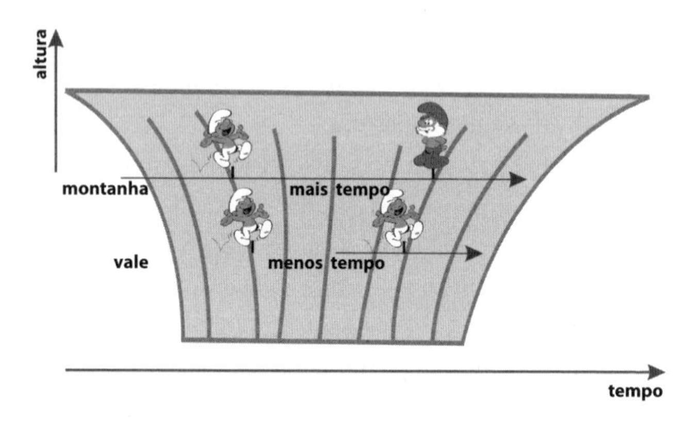

Aristóteles tem razão ao dizer que "quando" e "onde" são sempre apenas a localização em relação a alguma coisa. Mas essa coisa pode ser simplesmente o campo — o espaço-tempo-entidade de Einstein. Que, aliás, é uma entidade dinâmica e concreta, como todas as outras em relação às quais Aristóteles, com razão, observou que podemos nos localizar.

Tudo isso é perfeitamente coerente, e as equações de Einstein que descrevem a distorção do campo gravitacional e seus efeitos sobre relógios e metros foram verificadas inúmeras vezes durante um século. Mas nossa ideia de tempo perdeu outra peça: sua independência do resto do mundo.

A dança a três destes gigantes do pensamento — Aristóteles, Newton e Einstein — levou-nos a uma compreensão mais profunda do tempo e do espaço: existe uma estrutura da realidade que é o campo gravitacional; ela não é separada do restante da física, não é o palco em que se passa o mundo — é um componente dinâmico da grande dança do mundo, semelhante a todos os outros; ao interagir com os outros, determina o ritmo do que denominamos de metros e relógios e o ritmo de todos os fenômenos físicos.

Mas o sucesso, como sempre, não dura muito. Einstein escreve as equações do campo gravitacional em 1915, e ele mesmo, menos de um ano depois, em 1916, observa que esta não pode ser a última palavra sobre a natureza do espaço e do tempo: porque existe a mecânica quântica. O campo gravitacional, como todas as coisas físicas, deve ter propriedades quânticas.

5. Quanta de tempo

Há em casa
uma ânfora de vinho velho,
de nove anos atrás.
Há, Fílides, no jardim
o aipo para tecer guirlandas
e muita hera...
Convido-te a festejar
este dia de meados de abril,
dia de festa para mim,
quase mais amado que meu aniversário
(IV, 11)

A estranha paisagem da física relativística que descrevi até aqui torna-se ainda mais excêntrica quando consideramos os quanta: as propriedades quânticas do espaço e do tempo.

A disciplina que os estuda é a "gravidade quântica", e esse é meu campo de pesquisa.[1] Ainda não existe uma teoria da gravidade quântica que seja consenso na comunidade científica e tenha sido confirmada por experimentos. Minha vida científica foi boa parte dedicada a contribuir para a construção de uma possível solução para o problema: a gravidade quântica *em loop*, ou *teoria dos loops*. Nem todos apostam nessa solução. Os amigos que trabalham na teoria das cordas, por exemplo, seguem pistas diferentes, e a disputa para determinar quem tem razão está em pleno andamento. Mas a ciência também se desenvolve graças a acirradas discussões: cedo ou tarde, veremos quem tem razão, e talvez não falte muito para isso.

Em relação à natureza do tempo, porém, nos últimos anos as divergências diminuíram, e muitas conclusões se tornaram bem evidentes para a maioria. O que ficou claro é que, se levarmos em conta os quanta, até o arcabouço temporal remanescente da relatividade geral, ilustrado no capítulo anterior, se perde.

O tempo universal se fragmentou numa miríade de tempos próprios, mas, se considerarmos os quanta, temos de aceitar a ideia de que cada um desses tempos "flutua", está disperso como numa nuvem e se limita a ter certos valores e não outros... Eles já não conseguem formar a folha de espaço-tempo desenhada nos capítulos precedentes.

São três as descobertas básicas proporcionadas pela mecânica quântica: granularidade, indeterminação e o aspecto relacional das variáveis físicas. Cada uma delas derruba ainda mais aquele pouco que restava da nossa ideia de tempo. Vejamos uma delas de cada vez.

GRANULARIDADE

O tempo medido por um relógio é "quantizado", ou seja, assume apenas certos valores e não outros. É como se o tempo fosse granular e não contínuo.

A granularidade é a consequência característica da mecânica quântica, da qual a teoria assume o próprio nome: os "quanta" são os grãos elementares. Existe uma escala mínima para todos os fenômenos.[2] Para o campo gravitacional, ela é chamada de "escala de Planck". O tempo mínimo é denominado "tempo de Planck". É fácil estimar o seu valor combinando as constantes que caracterizam os fenômenos relativísticos, gravitacionais e quânticos.[3] Simultaneamente, elas determinam o tempo de 10^{-44} segundos: um centimilionésimo de um bilionésimo de um bilionésimo de um bilionésimo de um bilionésimo de um segundo. Esse é o tempo de Planck: nesses microtempos se manifestam os efeitos quânticos sobre o tempo.

O tempo de Planck é pequeno, muito menor que o que hoje pode ser medido por qualquer relógio real. É tão pequeno que não é de admirar que "lá embaixo", numa escala tão mínima, a noção de tempo já não seja válida. E por que deveria ser? Nada vale sempre e em toda a parte. Cedo ou tarde, sempre encontramos algo totalmente novo.

A "quantização" do tempo implica que quase todos os valores do tempo *t não* existem. Se pudéssemos mensurar a duração de um intervalo com o relógio mais preciso imaginável, descobriríamos que o tempo medido assume apenas certos valores discretos especiais. Não podemos pensar a duração como contínua. Temos de pensá-la como descontínua: não como algo capaz de fluir uniformemente, mas como algo que em certo sentido pula, como um canguru, de um valor para outro.

Em outras palavras, existe um intervalo *mínimo* de tempo. Abaixo dele, a noção de tempo não existe nem sequer em sua acepção mais simples.

Os rios de tinta despendidos nos séculos, de Aristóteles a Heidegger, para discutir a natureza do "*continuum*" talvez tenham sido desperdiçados. A continuidade é apenas uma técnica matemática para aproximar coisas de grão muito fino. O mundo é sutilmente discreto, não contínuo. O Bom Deus não desenhou o mundo com linhas contínuas: traçou-o com pontinhos minúsculos, como fazia Seurat.

A granularidade é onipresente na natureza: a luz é constituída de fótons, partículas de luz. A energia dos elétrons nos átomos pode assumir apenas certos valores e não outros. Tanto o ar mais puro como a matéria mais compacta são granulares: feitos de moléculas. Uma vez compreendido que o espaço e o tempo de Newton são entidades físicas como as demais, é natural esperar que eles também sejam granulares. A teoria confirma esta ideia: a gravidade quântica em loops prevê que os saltos temporais elementares são pequenos, mas finitos.

A ideia de que o tempo pode ser granular, que existem intervalos mínimos de tempo, não é nova. Foi defendida no século VII da nossa era por Isidoro de Sevilha nas suas *Etymologiae*, e no século seguinte por Beda, o Venerável, numa obra que sugestivamente se intitula *De Divisionibus Temporum*, as divisões dos tempos. No século XII, o grande filósofo Maimônides escreveu: "O tempo é composto de átomos, ou seja, de muitas partes que não podem ser divididas, por causa da curta duração".[4] É provável que a ideia seja ainda mais antiga: a perda dos textos originais de Demócrito não nos permite saber se ela já estava presente no atomismo grego clássico.[5] O pensamento abstrato pode antecipar em séculos hipóteses que encontram aplicação — ou confirmação — na pesquisa científica.

A irmã espacial do *tempo de Planck* é o *comprimento de Planck* — o limite abaixo do qual a noção de comprimento deixa de ter sentido. O comprimento de Planck é de aproximadamente 10^{-33} centímetros: um milionésimo de um bilionésimo de um bilionésimo de um bilionésimo de um milímetro. Quando jovem, na universidade, apaixonei-me pelo problema do que acontece nessas microescalas; pintei um cartaz contendo no centro, em vermelho, um oscilante

Pendurei-o em meu quarto em Bolonha, e decidi que meu objetivo seria tentar compreender o que acontece lá embaixo, nas microescalas em que espaço e tempo deixam de ser o que são. Até os quanta elementares de espaço e de tempo. Depois passei o resto da vida tentando.

SOBREPOSIÇÕES QUÂNTICAS DE TEMPOS

A segunda descoberta da mecânica quântica é a indeterminação: não é possível prever com exatidão, por exemplo, onde um elétron vai aparecer amanhã. Entre uma aparição e outra, o elétron não tem posição precisa,[6] é como se estivesse espalhado numa nuvem de probabilidades. Afirma-se, no jargão dos físicos, que ele está numa "sobreposição" de posições.

O espaço-tempo é um objeto físico como um elétron. Ele também flutua. E pode estar numa "sobreposição" de configurações diferentes. Se levarmos em conta a mecânica quântica, devemos imaginar o desenho do tempo que se dilata como uma sobreposição desfocada de espaços-tempos diferentes, mais ou menos como na imagem a seguir:

A estrutura de cones de luz que em cada ponto distingue passado, presente e futuro flutua do mesmo modo, como aqui:

Desse modo, a distinção entre presente, passado e futuro também se torna flutuante, indeterminada. Assim como uma partícula pode estar difundida no espaço, a diferença entre passado e futuro pode flutuar: um acontecimento pode estar, ao mesmo tempo, antes e depois de um outro.

"Flutuação" não significa que aquilo que acontece não seja *nunca* determinado; mas sim que é determinado apenas em alguns momentos e de maneira imprevisível. A indeterminação se resolve quando uma quantidade interage com alguma outra coisa.* Na interação, um elétron se materializa num ponto preciso. Por exemplo, atinge uma tela, é capturado por um revelador de partículas, ou colide com um fóton; assume uma posição concreta.

Mas há um aspecto estranho dessa concretização do elétron: ele é concreto apenas *em relação* aos objetos físicos com os quais está interagindo. Em relação a todos os outros, a interação apenas espalha o contágio da indeterminação. A concretude é relativa apenas a um sistema físico; essa, sem dúvida, é a descoberta radical da mecânica quântica.**

Quando um elétron atinge um objeto, por exemplo a tela de um antigo televisor de tubo catódico, a nuvem de probabilidades "colapsa" e o elétron se concretiza num ponto da tela, produzindo o pontinho luminoso que contribui para desenhar a cena televisiva. Mas é somente em relação à tela que isso acontece. Com respeito a outro objeto, o elétron simplesmente comunica sua indeterminação à tela, de modo que o elétron e a tela agora estão juntos em uma sobreposição de configurações. É somente no momento da interação com um outro objeto que essa nuvem

* O termo técnico para interação é "medida", que é equivocado, porque parece implicar que para criar a realidade é preciso um físico experimental.

** Uso aqui a interpretação relacional da mecânica quântica, que é a que considero menos implausível. As observações subsequentes, em especial a perda do espaço-tempo clássico que satisfaz as equações de Einstein, permanecem válidas em qualquer outra interpretação que conheço.

de probabilidade comum "colapsa" e assume a forma de uma configuração específica, e assim por diante.

É complicado aceitar a ideia de que um elétron se comporte de maneira tão bizarra. É ainda mais difícil digerir a ideia de que espaço e tempo se comportem assim. No entanto, com todas as evidências, este é o mundo quântico: o mundo em que vivemos.

O substrato físico que determina a duração e os intervalos temporais — o campo gravitacional — não tem apenas uma dinâmica influenciada pelas massas; é também uma entidade quântica que só passa a ter valores determinados quando interage com alguma coisa. Quando o faz, as durações são granulares e determinadas apenas para aquilo, permanecendo indeterminadas para o resto do universo.

O tempo se dissolveu numa rede de relações que já não tece sequer uma tela coerente. As imagens de espaços-tempos (no plural) flutuantes, sobrepostos uns aos outros, que se concretizam de vez em quando em relação a objetos particulares, são uma visão vaga, mas é a melhor que resta da granulação fina do mundo. Estamos nos aproximando do mundo da gravidade quântica.

Recapitulo o longo mergulho no abismo que foi esta primeira parte do livro. O tempo não é único: há uma duração diferente para cada trajetória; ele passa em ritmos diferentes dependendo do lugar e da velocidade. Não é orientado: nas equações elementares do mundo, não existe diferença entre passado e futuro, é apenas um aspecto contingente que aparece quando olhamos as coisas sem prestar atenção nos detalhes; neste desfocamento, o passado do universo estava num estado curiosamente "peculiar". A noção de "presente" não funciona: no vasto universo, não existe nada que possamos chamar de "presente" aceitável. O substrato que determina as durações do tempo não é uma entidade independente, diferente das outras que constituem o mundo: é um aspecto de um campo dinâmico. Salta, flutua, se concretiza apenas em interação e não é definido abaixo de uma escala mínima... O que resta do tempo?

"Melhor lançar ao mar o relógio que você tem no pulso e tentar compreender que o tempo que deseja capturar não é senão o movimento dos seus ponteiros..."[7]

Entremos no mundo sem tempo.

Segunda Parte

O mundo sem tempo

6. O mundo é feito de eventos, não de coisas

Cavalheiros, a vida é curta...
se vivemos,
vivemos para pisotear as cabeças dos reis.
Shakespeare, *Henrique IV*

Quando Robespierre libertou a França da monarquia, a Europa do *Ancien Régime* temeu que fosse o fim da civilização. Quando os jovens querem se libertar de uma antiga ordem das coisas, os velhos têm receio de que tudo naufrague. Mas a Europa conseguiu viver muito bem sem o rei da França. O mundo também pode continuar a viver muito bem sem o Rei Tempo.

Há, contudo, um aspecto do tempo que sobreviveu à desintegração sofrida com a física dos séculos XIX e XX. Despido dos adornos com os quais o encobrira a teoria newtoniana, a que tanto estávamos acostumados, resplandece agora ainda mais claro: o mundo é mudança.

Nenhuma das peças que o tempo perdeu (unicidade, direção, independência, presente, continuidade...) põe em xeque o fato de que o mundo é uma rede de *acontecimentos*. Uma coisa é o tempo com suas muitas determinações, outra é o simples fato de que as coisas não "são": elas acontecem.

A ausência da quantidade "tempo" nas equações fundamentais não significa um mundo congelado e imóvel. Ao contrário, indica um mundo onde a mudança é onipresente, sem a ordem do Pai Tempo: isto é, sem que os incontáveis acontecimentos se disponham necessariamente numa perfeita ordem – nem ao longo de cada linha do tempo newtoniano, nem segundo as elegantes geometrias einsteinianas. Os eventos do mundo não se organizam em fila como os ingleses. Eles se amontoam em caos como os italianos.

Mas são eventos, mudam, acontecem. O acontecer é difuso, disperso, desordenado, mas é acontecimento, não estagnação. Os relógios que andam em velocidades diferentes não definem um único tempo, mas as posições de seus ponteiros mudam umas em relação às outras. As equações fundamentais não incluem uma variável tempo, mas incluem variáveis que mudam umas em relação às outras. O tempo, sugeria Aristóteles, é a medida da mudança; pode-se escolher diferentes variáveis para medi-lo e nenhuma delas ter *todas* as características do tempo que conhecemos; mas isso não elimina o fato de que o mundo esteja em constante mudança.

Toda a evolução da ciência indica que a melhor gramática para pensar o mundo é a da mudança, não a da permanência. Do acontecer, não do ser.

Pode-se pensar o mundo como constituído de *coisas*. De *substância*. De *entes*. Do que *existe*. Que permanece. Ou então pensar que o mundo é feito de *eventos*. De *acontecimentos*. De *processos*. Do que *sucede*. Que não dura, que está em contínua transformação. Que não permanece no tempo. A destruição da noção de tempo na física fundamental é a derrocada da primeira dessas duas perspectivas, não da segunda. É a realização da unipresença da impermanência, não da estaticidade num tempo imóvel.

Pensar o mundo como um conjunto de eventos, de processos nos possibilita apreendê-lo, compreendê-lo, descrevê-lo melhor. É a única maneira compatível com a relatividade. O mundo não é um conjunto de coisas, é um conjunto de eventos.

A diferença entre coisas e eventos é que as *coisas* permanecem no tempo. Os *eventos* têm duração limitada. Um protótipo de uma "coisa" é uma pedra: podemos perguntar onde ela estará amanhã. Um beijo, por sua vez, é um "evento". Não faz sentido perguntar para onde terá ido o beijo amanhã. O mundo é feito de redes de beijos, não de pedras.

As unidades simples segundo as quais devemos compreender o mundo não se encontram num ponto qualquer do espaço. Estão — se estiverem — em um *onde*, mas também em um *quando*. São espacialmente, mas também temporalmente limitadas: são eventos.

De fato, se observarmos bem, até as "coisas" que mais parecem "coisas" no fundo não passam de longos eventos. À luz do que aprendemos com a química, a física, a mineralogia, a geologia e a psicologia, a pedra mais sólida é na verdade uma complexa vibração de campos quânticos; uma interação momentânea de forças; um processo que por um breve instante consegue se manter em equilíbrio, semelhante a si mesmo, antes de se desagregar outra vez em poeira; um capítulo efêmero na história das interações entre os elementos do planeta; um vestígio de uma humanidade neolítica; uma arma dos meninos da rua Paulo; um exemplo num livro sobre o tempo; uma metáfora para uma ontologia; uma porção de uma divisão do mundo que depende mais das estruturas perceptivas do nosso corpo que do objeto da percepção; e assim por diante, um nó intricado daquele jogo de espelhos cósmico que é a realidade. O mundo não é feito mais de pedras que de sons fugazes e de ondas que se formam no mar.

Por outro lado, se o mundo fosse feito de coisas, que coisas seriam essas? Os átomos, que descobrimos serem compostos de partículas menores? As partículas elementares, que vimos que não passam de excitações efêmeras de um campo? Os campos quânticos, que descobrimos se tratar de pouco mais que códigos de uma linguagem para se referir a interações e eventos? Não conseguimos pensar o mundo *físico* como feito de coisas, de entes. Não funciona.

O que funciona é pensar o mundo como uma rede de eventos. Alguns mais simples e outros mais complexos que podem ser decompostos em combinações de eventos ainda mais simples. Alguns exemplos: uma guerra não é uma coisa, é um conjunto de eventos. Um temporal não é uma coisa, é um conjunto de acontecimentos. Uma nuvem acima de uma montanha não é uma coisa: é a condensação da umidade do ar à medida que o vento sobe a montanha. Uma onda não é uma coisa, é uma movimentação de água, a água que dá forma a ela é sempre diferente. Uma família não é uma coisa, é um conjunto de relações, acontecimentos, sentimentos. E um ser humano? Com certeza não é uma coisa: é um processo complexo, em que — como na nuvem acima da montanha — entram e saem ar, alimento, informações, luz, palavras, e assim por diante... Um nó de nós em uma rede de relações sociais, de processos químicos, de emoções trocadas com seus semelhantes.

Por muito tempo buscamos compreender o mundo como uma *substância* primária qualquer. Talvez mais que qualquer outra disciplina, a física analisou essa substância. Mas quanto mais o estudamos, menos o mundo parece compreensível em relação ao que *é*. Parece ser muito mais compreensível como relações entre acontecimentos.

As palavras de Anaximandro citadas no primeiro capítulo convidavam-nos a pensar o mundo "segundo a ordem do tempo". Se não assumimos que sabemos a priori *qual* é a ordem do tempo, ou seja, se não pressupomos a ordem linear e universal que nos é familiar, a exortação de Anaximandro é válida: compreendemos o mundo estudando a mudança, não as coisas.

Quem se esqueceu desse bom conselho pagou caro. Dois grandes que caíram nesse erro foram Platão e Kepler, ambos curiosamente seduzidos pela própria matemática.

No *Timeu*, Platão tem a excelente ideia de tentar traduzir em matemática as intuições físicas dos atomistas como Demócrito. Mas o faz de maneira equivocada: tenta escrever a matemática da *forma* dos átomos, em vez da matemática de seu *movimento*. Deixa-se atrair por um teorema matemático que estabelece que há cinco, e *apenas* cinco, poliedros regulares, como a seguir:

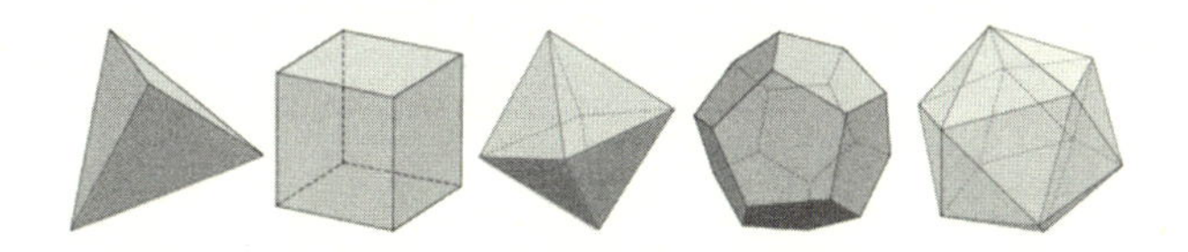

E arrisca a hipótese ousada de que estas são as formas exatas dos átomos daquelas cinco substâncias elementares consideradas na Antiguidade: terra, água, ar, fogo e a quinta-essência de que são feitos os céus. Uma ideia muito bonita, mas totalmente equivocada. O erro é tentar compreender o mundo a partir de coisas e não de eventos: ignorando a mudança. A física e a astronomia que darão certo, de Ptolomeu a Galileu, de Newton a Schrödinger, serão a descrição matemática de como as coisas *mudam*, não de como *são*. Dos acontecimentos, não das coisas. As *formas* dos átomos serão enfim compreendidas apenas como soluções da equação de Schrödinger, que descreve como os elétrons *se movem* nos átomos: de novo, acontecimentos, não coisas.

Séculos depois, antes de alcançar os grandes resultados da maturidade, o jovem Kepler cai no mesmo erro. Pergunta-se o que determina a dimensão das órbitas dos planetas e se deixa seduzir pelo mesmo teorema que conquistou Platão (é de fato um belíssimo teorema). Supõe que as dimensões das órbitas dos planetas são determinadas pelos poliedros regulares: uma vez encaixados um dentro do outro com algumas esferas entre um e outro, os raios dessas esferas ficam – acredita Kepler – na mesma proporção que os raios das órbitas dos planetas.

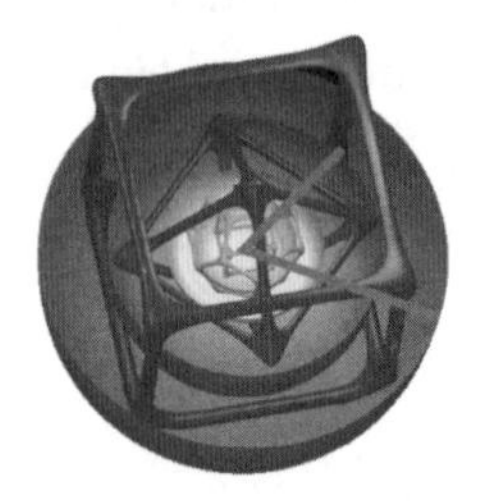

Uma ótima ideia, mas totalmente absurda. Mais uma vez, falta a dinâmica. Quando, mais tarde, Kepler passa a se ocupar de como os planetas *se movem*, as portas do céu se abrem sobre ele.

Nós, portanto, descrevemos o mundo como acontece, não como é. Mecânica de Newton, equações de Maxwell, mecânica quântica etc. mostram como os *eventos* acontecem, não como as *coisas* são. Compreendemos a biologia estudando como os seres vivos *evoluem* e *vivem*. Compreendemos a psicologia (um pouco, não muito) estudando como interagimos uns com os outros, como pensamos... Compreendemos o mundo no seu fluxo, não na sua essência.

As próprias "coisas" são apenas acontecimentos que são monótonos por um tempo.[1] Antes de retornar ao pó. Porque, cedo ou tarde, tudo sempre retorna ao pó.

Assim, a ausência do tempo não significa que tudo é gelado e imóvel. Significa que o constante acontecer que esgota o mundo não é ordenado por uma linha do tempo, não é medido por um gigantesco tique-taque. Não forma sequer uma geometria quadridimensional. É uma infindável e desordenada rede de eventos quânticos. O mundo é mais parecido com Nápoles que com Cingapura.

Se por "tempo" entendemos nada além do que o acontecer, então tudo é tempo: apenas o que está no tempo existe.

7. A inadequação da gramática

Foi-se o branco
das neves.
O verde volta
no mato dos campos,
na copa das árvores;
e a graça leve da primavera
ainda está conosco.
Assim, o giro do tempo,
a hora que passa e nos rouba
a luz
são a mensagem
de nossa impossível imortalidade.
Estes cálidos ventos diminuem o gelo
(IV, 7)

Em geral chamamos de "reais" as coisas que existem *agora*. No presente. Não aquilo que existiu há algum tempo ou existirá no futuro. Dizemos que as coisas no passado "eram" reais ou "serão" reais no futuro, mas não que "são" reais.

Os filósofos chamam de "presentismo" a ideia de que apenas o presente é real, não o passado ou o futuro, e que a *realidade* evolui de um presente a outro consecutivo.

Essa forma de pensar não resolve quando o "presente" não é definido globalmente, e passa a ser definido apenas perto de nós, de maneira aproximada. Se o presente longe daqui não é definido, o que "é real" no universo? O que existe no universo agora?

Imagens como estas, que vimos nos capítulos anteriores, desenham *toda uma evolução* do espaço-tempo com uma única imagem: não representam um único tempo, mas sim todos os tempos simultaneamente. São como uma sequência de fotografias de um homem correndo ou um livro contendo uma história que se desenvolve ao longo de anos. São uma representação esquemática de uma possível *história* do mundo, não de um único estado instantâneo dessa história.

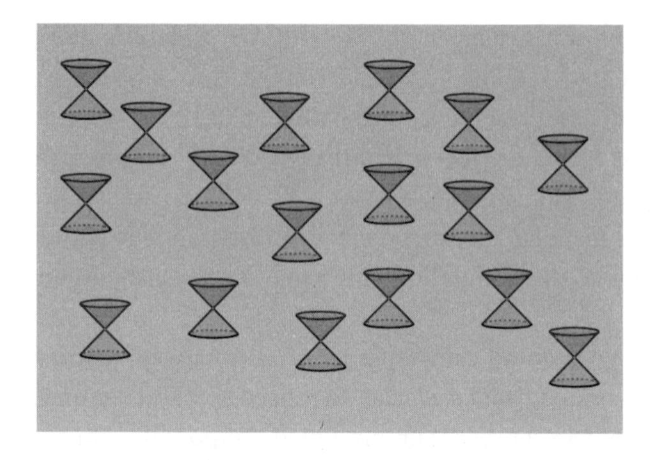

A primeira imagem ilustra como pensávamos a estrutura temporal do mundo *antes* de Einstein. O conjunto dos eventos reais *agora*, em determinado tempo, é este em cinza-escuro:

A segunda imagem, porém, representa melhor a estrutura temporal do mundo, e não há nada parecido com o presente nele. O presente não existe. Então o que é real *agora*?

A física do século XX mostra de uma maneira inequívoca como o mundo real não é bem descrito pelo *presentismo*: não existe um presente global objetivo. No máximo, podemos pensar em um presente em relação a um observador em movimento, mas então o que é real para mim é diferente do que é real para você, apesar de querermos usar a expressão "real" — na medida do possível — de modo objetivo. Portanto, o mundo não deve ser pensado como uma sucessão de presentes.[1]

Quais são as alternativas?

Os filósofos chamam de "eternalismo" a ideia de que fluxo e mudança são ilusórios: presente, passado e futuro são todos igualmente reais e existentes. O eternalismo é a ideia de que todo o espaço-tempo, esquematizado nas imagens anteriores, existe como conjunto em sua inteireza, sem que nada mude. Nada que flua de verdade.[2]

Quem defende essa maneira de pensar a realidade, o eternalismo, muitas vezes cita Einstein, que numa famosa carta escreveu:

> As pessoas como nós, que acreditam na física, sabem que a distinção entre passado, presente e futuro é apenas uma obstinada e persistente ilusão.[3]

Essa ideia é conhecida também como "universo em bloco", ou mais comumente, em inglês, *block universe*: a ideia de que é necessário pensar toda a história do universo como um único bloco, real por inteiro, e que a passagem de um momento do tempo ao consecutivo é apenas ilusório.

É esta — o eternalismo, o universo em bloco — a única maneira que nos resta para pensar o mundo? Temos de pensar o mundo, com passado, presente e futuro, como um único presente, pertencente todo ao mesmo modo? Nada muda e tudo é imóvel? A mudança é apenas ilusão?

Não. Não acredito nisso de forma alguma.

O fato de não podermos organizar o universo como uma única sequência ordenada de tempos não quer dizer que nada mude. Significa que as mudanças não acontecem em uma única ordem: a estrutura temporal do mundo é mais complexa que uma simples sucessão linear de instantes. Nem por isso não existe ou é ilusória.[4]

A distinção entre passado, presente e futuro não é uma ilusão. É a estrutura temporal do mundo. Mas essa estrutura não é aquela do presentismo. As relações temporais entre eventos são de fato mais complexas do que pensávamos, mas nem por isso deixam de existir. As relações de filiação não estabelecem uma ordem global, nem por isso são ilusórias. O fato de não estarmos todos em fila indiana não significa que não exista uma relação entre nós. A mudança, o que acontece, não é uma ilusão. Apenas descobrimos que não ocorre de acordo com uma ordem global.[5]

Voltemos então à pergunta inicial: o que "é real"? O que "existe"?

A resposta é que essa é uma pergunta mal formulada, quer dizer tudo e nada. Porque o adjetivo "real" é ambíguo, tem uma infinidade de significados. O verbo "existir" tem ainda mais. À pergunta: "Existe um boneco cujo nariz cresce quando conta mentiras?", pode-se responder: "Claro que existe! É o Pinóquio!"; ou então: "Não, não existe, é apenas uma fábula inventada por Collodi". As duas respostas estão corretas, porque usam o verbo "existir" com significados diferentes.

Há tantas maneiras de se dizer que uma coisa existe: uma lei, uma pedra, uma nação, uma guerra, um personagem de uma comédia, um deus de uma religião a qual não professamos, o deus de uma religião em que acreditamos, um grande amor, um número... cada um desses entes "existe" e "é real" num sentido diferente do outro. Podemos nos perguntar em que sentido algo existe ou não (Pinóquio existe como personagem literário, não no registro civil italiano), ou se uma coisa existe num sentido determinado (existe uma regra que proíbe fazer roque no jogo de xadrez depois de mover a torre?). Perguntar-se "o que existe?" ou "o que é real?" em geral significa apenas se perguntar como queremos usar um verbo e um adjetivo.[6] É uma questão gramatical, não sobre a natureza.

A natureza, por sua vez, é o que é, e nós a descobrimos aos poucos. Se a gramática e nossa intuição não se adequam às descobertas que fazemos, paciência, tratemos de ajustá-las.

A gramática de muitas línguas modernas conjuga os verbos em "presente", "passado" e "futuro". Não é apropriada para tratar da estrutura temporal real do mundo, que é mais complexa. A gramática formou-se a partir da nossa experiência limitada, antes de nos darmos conta de sua imprecisão em apreender a rica estrutura do mundo.

Quando tentamos ordenar a descoberta de que não existe um presente objetivo universal, o que nos confunde é apenas o fato de que a nossa gramática é estruturada com base em uma distinção absoluta "passado-presente-futuro", que faz sentido apenas em parte, enquanto está perto de nós. A estrutura da realidade não é aquela que essa gramática pressupõe. Dizemos que um evento "é", ou "foi", ou então "será". Não temos uma gramática apta a dizer que um evento "foi" em relação a mim, mas "é" em relação a você.

Não devemos nos deixar confundir por uma gramática inadequada. Há um texto do mundo antigo que, ao falar da forma esférica da Terra, diz:

> Para os que estão embaixo, as coisas no alto estão embaixo, enquanto as coisas embaixo estão no alto [...] e é assim em torno de toda a Terra.[7]

A princípio, a frase parece um amontoado de disparates. Como é possível que "as coisas no alto estão embaixo, enquanto as coisas embaixo estão no alto"? Isso não quer dizer nada. É como o obscuro "o feio é belo e o belo é feio", de *Macbeth*. Mas, quando relemos pensando na forma e na física da Terra, a frase se torna clara: o autor está dizendo que, para quem vive nos antípodas, a direção "para o alto" na Austrália é a mesma direção que para quem vive na Europa é "para baixo". Ou seja, a direção "alto" muda de um ponto para outro da Terra. Assim aquilo que está no alto *em relação a Sydney* está embaixo *em relação à Itália*. O autor desse texto, escrito há 2 mil anos, estava lutando para adaptar sua linguagem e intuição a uma nova descoberta: o fato de que a Terra é redonda, e "alto" e "baixo" apresentam um significado que *muda* entre aqui e lá; não têm, como era natural pensar antes, um significado único e universal.

Estamos na mesma situação. Lutamos para adaptar nossa linguagem e intuição a uma nova descoberta: o fato de que "passado" e "futuro" não têm um significado universal, mas sim um significado que muda entre aqui e ali. Apenas isso.

No mundo existe mudança, existe uma estrutura temporal de relações entre os eventos que nada tem de ilusória. Não é um acontecer global ordenado. É um acontecer local e complexo, que não admite ser descrito nos termos de uma única ordem global.

Mas a frase de Einstein que citei não parece dizer que ele pensava o contrário? Mesmo que fosse, não é porque Einstein escreveu uma frase ou outra que somos obrigados a tratá-lo como um oráculo. Ele mudou de ideia muitas vezes sobre questões centrais, e muitas de suas frases são erradas ou se contradizem.[8]

Mas nesse caso as coisas talvez sejam bem mais simples. Ou mais profundas.

Einstein escreveu essa frase quando Michele Besso morreu. Michele foi seu amigo mais próximo, o companheiro de reflexões e conversas desde a época da universidade em Zurique. A carta em que Einstein escreve essa frase não é endereçada a físicos ou a filósofos. É dirigida à família, e em particular também à irmã de Michele. A frase anterior diz:

> Agora ele [Michele] partiu deste estranho mundo, um pouco antes de mim. Isso não significa nada...

Não é uma carta escrita para discursar sobre a estrutura do mundo; mas sim para consolar uma irmã em luto. Uma carta doce, que remete à comunhão espiritual entre Michele e Albert. Uma carta em que o próprio Einstein também enfrenta a dor pela perda do amigo de longa data; e na qual, evidentemente, se vê diante da própria mortalidade. Uma carta de emoções profundas, em que o caráter ilusório e a cara irrelevância a que se alude não pertencem ao tempo dos físicos. Fazem parte da própria vida. Frágil, curta, repleta de ilusões. É uma frase que fala de coisas mais profundas que a natureza física do tempo.

Einstein morreu em 18 de abril de 1955, um mês e três dias depois de seu amigo.

8. Dinâmica como relações

E cedo ou tarde virá
o cálculo exato do nosso tempo
e estaremos no barco
que navega rumo ao porto
mais amargo
(II, 9)

Então como funciona uma descrição fundamental do mundo em que tudo acontece, mas sem a variável tempo? Em que não existe tempo comum nem direção privilegiada da mudança?

Da maneira mais simples. Da maneira como pensávamos o mundo até Newton nos convencer que uma variável tempo era indispensável.

A variável tempo não é necessária para descrever o mundo. São necessárias variáveis que o descrevam: quantidades que possamos observar, perceber, às vezes medir. O comprimento de uma rua, a altura de uma árvore, a temperatura da testa, o peso do pão, a cor do céu, o número de estrelas na abóbada celeste, a elasticidade de um bambu, a velocidade de um trem, a pressão da mão no ombro, a dor de uma perda, a posição de um ponteiro, a altura do Sol no horizonte... São esses os termos que usamos para descrever o mundo. Quantidades e propriedades que vemos *mudar* com frequência. Nessas mudanças há regularidades: uma pedra cai mais rápido que uma pena. A Lua e o Sol giram no céu perseguindo um ao outro e passam lado a lado uma vez por mês... Entre essas quantidades, há algumas que vemos mudar regularmente umas em relação às outras: a contagem dos dias, as fases da Lua, a altura do Sol no horizonte, a posição dos ponteiros de um relógio. É conveniente usar *estas* como referência: vamos nos encontrar três dias depois da próxima lua, quando o Sol estiver no alto do céu. Nós nos encontramos amanhã quando o relógio marcar 4h35. A descoberta de tantas variáveis que ficam bem sincronizadas entre si tornou seu uso conveniente para falar do *quando*.

Dessa forma não é preciso escolher uma que seja privilegiada e chamá-la de "tempo". Para fazer ciência, basta uma teoria que aponte como as variáveis mudam uma em relação à outra. Ou seja, como uma muda quando outras mudam. A teoria fundamental do mundo tem de ser feita assim; não requer uma variável tempo: deve apenas mostrar como as coisas que vemos variar no mundo o fazem uma em relação à outra. Ou seja, quais relações podem existir entre essas variáveis.[1]

As equações fundamentais da gravidade quântica são feitas da seguinte forma: não apresentam uma variável tempo, e descrevem o mundo indicando as relações possíveis entre as quantidades variáveis.[2]

A primeira vez que se escreveu uma equação para a gravidade quântica sem nenhuma variável tempo foi em 1967. A equação foi encontrada por dois físicos americanos, Bryce DeWitt e John Wheeler, e hoje é chamada equação de Wheeler-DeWitt.[3]

No início, ninguém entendia o que significava uma equação sem a variável tempo, talvez nem Bryce e John. (Wheeler: "Explicar o tempo? Não sem explicar a existência! Explicar a existência? Não sem explicar o tempo! Revelar a profunda conexão oculta entre tempo e existência?... Uma missão para o futuro".)[4] Discutiu-se sobre isso por muito tempo, houve congressos, debates, gastaram-se rios de tinta.[5] Acho que a poeira baixou, e agora as coisas se tornaram muito mais claras. Não há nada de misterioso na ausência do tempo na equação fundamental da gravidade quântica. É apenas a consequência do fato de que no nível fundamental não existe uma variável especial.

A teoria não descreve como as coisas acontecem *no tempo*. A teoria descreve como as coisas mudam *umas em relação às outras*,[6] como os fatos do mundo ocorrem uns em relação aos outros. Só isso.

Bryce e John faleceram há alguns anos. Eu conheci os dois, e adquiri profundo respeito e admiração por eles. Na parede da minha sala na Universidade de Marselha pendurei uma carta que John Wheeler me mandou ao saber dos meus primeiros trabalhos em gravidade quântica. De vez em quando a releio, com um misto de orgulho e saudade. Gostaria de ter-lhe perguntado mais coisas, nos nossos poucos encontros. Na última vez em que o encontrei, em Princeton, fizemos uma longa caminhada. Falava com a voz baixa de uma pessoa idosa, e eu perdia muitos trechos do que ele dizia, mas não ousava lhe pedir que repetisse. Agora ele se foi. Já não posso lhe fazer perguntas, não posso lhe contar o que penso. Não posso lhe dizer que acho que suas ideias eram as corretas e que nortearam toda a minha vida de pesquisa. Já não posso lhe dizer que acredito que ele foi o primeiro a se aproximar do cerne do mistério do tempo em gravidade quântica. Porque ele, aqui e agora, não existe mais. Este é o tempo para nós. A lembrança e a saudade. A dor da ausência.

Mas não é a ausência que provoca dor. São o afeto e o amor. Se não existisse afeto, se não existisse amor, não haveria a dor da ausência. Por isso, também a dor da ausência, no fundo, é boa e bela, porque se alimenta daquilo que dá sentido à vida.

Conheci Bryce em Londres quando me encontrei com um grupo de gravidade quântica pela primeira vez. Eu era bem jovem, fascinado por essa matéria misteriosa pela qual ninguém se interessava na Itália; já ele era um grande guru do tema. Eu tinha ido encontrar Chris Isham no Imperial College e quando cheguei me disseram que estava na varanda do último andar. Na mesa estavam sentados Chris Isham, Karel Kuchar e Bryce DeWitt, os três principais autores cujas ideias eu estudara durante anos. Lembro a sensação intensa de vê-los ali, através do vidro, conversando tranquilamente. Eu não ousava ir até lá e interrompê-los. Pareciam-me três grandes mestres zen que compartilhavam insondáveis verdades em meio a misteriosos sorrisos. É provável que estivessem apenas decidindo onde iriam jantar. Relembro e me dou conta de que na época eram mais jovens do que sou agora. Isso também é o tempo. Um estranho inversor de pontos de vista. Pouco antes de morrer, Bryce deu uma longa entrevista na Itália, reunida num pequeno livro;[7] só ali percebi que ele acompanhava meus trabalhos com muito mais atenção e simpatia do que jamais teria imaginado com base em nossas conversas, nas quais expressava mais críticas que encorajamentos.

John e Bryce foram pais espirituais para mim. Sedento, encontrei em suas ideias água fresca, nova e límpida para beber. Obrigado John, obrigado Bryce. Nós, seres humanos, vivemos de emoções e pensamentos. Nós os compartilhamos quando estamos no mesmo lugar e no mesmo tempo, falando uns com os outros, olhando-nos nos olhos, tocando-nos a pele. Nós nos alimentamos dessa rede de encontros e trocas, ou melhor, *somos* essa rede de encontros e trocas. Mas na verdade não precisamos estar no mesmo lugar e no mesmo tempo para isso. Os pensamentos e as emoções que nos conectam não têm dificuldade em atravessar mares e décadas, às vezes até séculos. Presos a frágeis folhas de papel ou dançando entre os microchips de um computador. Somos parte de uma rede que vai muito além dos poucos dias da nossa vida, dos poucos metros quadrados por onde damos nossos passos. Este livro também é um fio da trama...

Eu me perdi falando de outras coisas. A saudade de John e de Bryce me desviou do assunto. Tudo o que eu queria dizer neste capítulo é que eles encontraram a forma mais simples da estrutura da equação que descreve a dinâmica do mundo. A dinâmica do mundo é determinada pela equação que estabelece as relações que existem entre todas as variáveis que o descrevem. Todas no mesmo plano. Descreve acontecimentos e correlações possíveis entre eles. Nada mais.

É a forma elementar da mecânica do mundo, e não é preciso falar de "tempo". O mundo sem a variável tempo não é um mundo complicado.

É uma rede de eventos interligados, em que as variáveis em jogo respeitam as regras probabilísticas, que, por incrível que pareça, em grande parte sabemos escrever. É um mundo claro, ventoso e cheio de beleza como o topo das montanhas.

As equações da gravidade quântica em loop[8] nas quais trabalho são uma versão moderna da teoria de Wheeler e de DeWitt. Nessas equações não existe a variável tempo.

As variáveis da teoria descrevem os campos que formam a matéria comum, os fótons, os elétrons, outros componentes dos átomos e o campo gravitacional — no mesmo plano que os outros. A teoria dos loops não é uma "teoria unificada" de tudo. Nem tem a pretensão de ser a teoria final da ciência. É uma teoria composta de peças coerentes, mas distintas, que quer "apenas" ser uma descrição *coerente* do mundo como o compreendemos até aqui.

Os campos se manifestam de forma granular: partículas elementares, fótons e quanta de gravidade, ou seja, "quanta de espaço". Esses grãos elementares não vivem imersos no espaço: eles mesmos formam o espaço. Ou melhor, a espacialidade do mundo é a rede de suas interações. Não vivem no tempo; interagem incessantemente uns com os outros, aliás existem apenas enquanto termos de contínuas interações; e esse interagir *é* o acontecer do mundo: *é* a forma mínima elementar do tempo, que não é nem orientada, nem linear, nem em uma geometria curva e lisa como as estudadas por Einstein. É um interagir recíproco em que os quanta se atualizam no próprio ato de interagir em relação àquilo com que interagem.

A dinâmica dessas interações é probabilística. As probabilidades de que alguma coisa aconteça — a partir do acontecer de alguma outra coisa — são, em princípio, calculáveis por meio das equações da teoria.

Não podemos desenhar um mapa completo, uma geometria completa, dos acontecimentos do mundo, porque os acontecimentos, entre eles a passagem do tempo, realizam-se sempre numa interação e em relação a um sistema físico presente na interação.

O mundo é como um conjunto de pontos de vista correlacionados; "o mundo visto de fora" é um contrassenso, porque não existe um "fora" do mundo.

Os quanta elementares do campo gravitacional vivem na escala de Planck. São os grãos elementares que formam o tecido móvel com que Einstein reinterpretou o espaço e o tempo absolutos de Newton. São eles, e as interações entre eles, que determinam a extensão do espaço e a duração do tempo.

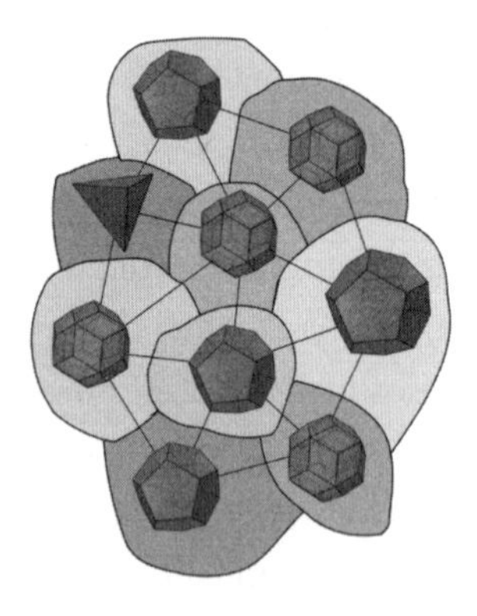

Representação intuitiva da rede de grãos elementares de espaço (ou rede de spins).

As relações de adjacência espacial conectam os grãos de espaço em redes. Estas se chamam "redes de spins". O nome spin vem da matemática que descreve os grãos de espaço, que é a mesma das simetrias no espaço.[9] Um anel isolado numa rede de spins se chama loop ("anel" em inglês) e esses são os loops que dão nome à teoria. As redes, por sua vez, se transformam umas nas outras em saltos discretos, estruturas denominadas na teoria de "espuma de spin".[10]

A ocorrência desses saltos desenha as tramas que em grande escala aparecem como a estrutura lisa do espaço-tempo. Numa escala menor, a teoria descreve um "espaço-tempo quântico" flutuante, probabilístico e discreto. Nela há apenas o pulular furioso dos quanta que aparecem e desaparecem.

Representação intuitiva da espuma de spins (spin foam).

Este é o mundo com o qual procuro todos os dias ajustar as contas, nos dois sentidos da expressão. É um mundo incomum, mas sem sentido.

Meu grupo de pesquisa em Marselha e eu estamos tentando, por exemplo, calcular o tempo necessário para que um buraco negro exploda ao passar por uma fase quântica.

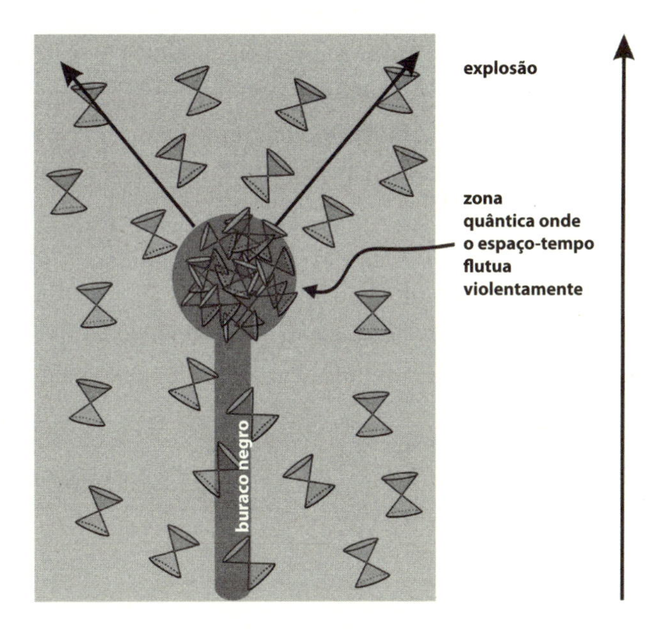

Nessa fase, dentro do buraco negro e em suas proximidades imediatas já não há um espaço-tempo único e determinado. Há uma sobreposição quântica de redes de spins. Da mesma forma que um elétron pode se expandir numa nuvem de probabilidades entre o momento em que é emitido e o momento em que chega a uma tela, passando por mais de um lugar, o espaço-tempo do decaimento quântico de um buraco negro também passa por uma fase em que o tempo flutua com violência; há uma sobreposição quântica de tempos diferentes, e mais tarde, depois da explosão, ele retorna determinado.

Para essa fase intermediária, em que o tempo é totalmente indeterminado, ainda temos equações que nos dizem o que acontece. Equações sem tempo.

Este é o mundo descrito pela teoria dos loops.

Se tenho certeza de que essa é a descrição correta do mundo? Não tenho, mas é a única maneira coerente e completa que conheço para pensar o espaço-tempo hoje sem negligenciar suas propriedades quânticas. A gravidade quântica em loop demonstra que é possível escrever uma teoria coerente sem espaço e tempo fundamentais — e, apesar disso, usá-la para fazer previsões qualitativas.

Numa teoria desse tipo, espaço e tempo já não são recipientes ou formas gerais do mundo. São aproximações de uma dinâmica quântica que por si só não conhece nem espaço nem tempo. Apenas eventos e relações. É o mundo sem tempo da física elementar.

Terceira Parte

As fontes do tempo

9. O tempo é ignorância

Não perguntes
o resultado dos meus ou dos teus dias,
Leuconoe
— é um segredo acima de nós —,
e não tentes cálculos abstrusos
(I, 11)

Há um tempo para nascer e um tempo para morrer, um tempo para chorar e um tempo para dançar, um tempo para matar e um tempo para curar. Um tempo para demolir e um tempo para construir.[1] Até aqui, foi tempo para demolir o tempo. Agora é tempo de reconstruir o tempo da nossa experiência. Buscar suas fontes. Compreender de onde ele vem.

Se na dinâmica elementar do mundo todas as variáveis são equivalentes, o que é essa coisa que nós humanos chamamos de "tempo"? O que o meu relógio mede? O que flui sempre para a frente e nunca para trás, e por quê? Tudo bem não estar na gramática elementar do mundo, mas o que é?

Há tantas coisas que não fazem parte da gramática elementar do mundo, e mesmo assim simplesmente "emergem". Por exemplo:

- Um gato não faz parte dos ingredientes elementares do universo. É algo complexo, que *emerge* e se repete em várias partes do planeta.
- Um grupo de rapazes num campo. Decide-se uma partida. Formam-se os times. Nós fazíamos assim: os dois mais arrojados escolhiam um de cada vez os colegas do time, decidindo no par ou ímpar o direito de começar o jogo. No fim do solene processo, havia dois times. Onde estavam antes do processo? Em lugar nenhum. *Emergiram* do processo.
- De onde vêm "alto" e "baixo", que nos são tão familiares e não estão nas equações elementares do mundo? Da Terra que está perto de nós e que nos atrai. "Alto" e "baixo" *emergem* em algumas circunstâncias do universo, como a presença de uma grande massa próxima.
- Do alto de uma montanha olhamos um vale coberto por um mar de nuvens brancas. A superfície das nuvens brilha como neve. Seguimos em direção ao vale. O ar se torna mais úmido, depois enevoado, o céu já não é azul, estamos imersos numa densa neblina. Onde foi parar a superfície nítida das nuvens? Desapareceu. A passagem é gradual, não existe *superfície* alguma que separa a neblina do céu limpo dos cumes. Era ilusão? Não, era visão de longe. Pensando bem, é o que acontece com *todas* as superfícies. Se eu estivesse reduzido à escala atômica, veria uma mesa de mármore compacto como se fosse uma neblina. Vistas de perto, *todas* as coisas do mundo ficam esfumadas. Onde exatamente termina a montanha e começa a planície? Onde termina o deserto e começa

a savana? Cortamos o mundo em grandes fatias. Nós o pensamos na forma de conceitos significativos para nós, que *emergem* em certa escala.

- Vemos o céu girar ao nosso redor todos os dias, mas somos nós que giramos. O espetáculo cotidiano do universo que gira é "ilusório"? Não, é real, mas não se refere apenas ao cosmos. Refere-se à *nossa* relação com o sol e as estrelas. Compreendemos isso quando nos perguntamos como *nós* nos movemos. O movimento cósmico *emerge* da relação entre nós e o cosmos.

Nesses exemplos, algo real — um gato, um time de futebol, o alto e o baixo, a superfície das nuvens, o girar do cosmos — *emerge* de um mundo em que, num nível mais simples, não existem nem gatos, nem times, nem alto e baixo, nem superfície das nuvens, nem giro do cosmos... O tempo emerge de um mundo sem tempo, de maneira similar a cada um desses exemplos.

A reconstrução do tempo começa aqui, em dois pequenos capítulos, este e o seguinte, curtos e técnicos. Se os achar difíceis demais, pule direto para o capítulo 11. A partir dele nos reaproximamos aos poucos de coisas mais humanas.

TEMPO TÉRMICO

No frenesi da mistura térmica molecular, variam continuamente todas as variáveis que podem variar.

Exceto uma: a energia total que existe num sistema (isolado). Entre energia e tempo há uma ligação estreita. Energia e tempo formam um daqueles característicos pares de quantidades que os físicos chamam de "conjugados", como posição e impulso, ou então orientação e momento angular. Os dois termos desses pares são interligados. De um lado, conhecer o que é a energia de um sistema[2] — como está ligada às outras variáveis — é o mesmo que saber como o tempo flui, porque as equações de evolução no tempo surgem a partir da forma da sua energia.[3] Por outro lado, a energia se conserva no tempo, portanto não pode variar, mesmo quando todo o restante varia. Em sua agitação térmica, um sistema[4] atravessa todas as configurações que têm a mesma energia, mas apenas elas. O conjunto dessas configurações — que nossa visão macroscópica desfocada não distingue — é o "estado (macroscópico) de equilíbrio": um plácido copo de água quente.

A maneira habitual de interpretar a relação entre tempo e estado de equilíbrio é pensar que o tempo é algo absoluto e objetivo; a energia é o que governa a evolução no tempo; e o sistema em equilíbrio mistura as configurações de mesma energia. A lógica convencional para interpretar essas relações é, portanto:

tempo → energia → estado macroscópico.[5]

Mas há outra maneira de pensar essa mesma relação: lê-la ao contrário. Ou seja, observar que um estado macroscópico, isto é, uma nova mistura de variáveis que preserve alguma delas, ou uma visão desfocada do mundo, pode ser interpretada como mistura que preserva uma energia, que, por sua vez, gera um tempo. Ou seja:

estado macroscópico → energia → tempo.[6]

Essa observação abre uma nova perspectiva: num sistema físico elementar em que *não* existe nenhuma variável privilegiada que se comporte como "tempo" — em que todas as variáveis estão no mesmo plano, mas do qual temos uma visão desfocada descrita por estados macroscópicos —, um estado macroscópico genérico *determina* um tempo.

Repito esse ponto porque é fundamental: um estado macroscópico (que ignora os detalhes) escolhe uma variável particular, que tem algumas características do tempo.

Em outras palavras, o tempo é determinado simplesmente por um desfocamento. Boltzmann entendeu que o comportamento do calor é compreendido a partir de um desfocamento: pelo fato de que dentro de um copo de água existe um mar de variáveis microscópicas que não vemos. O *número* de possíveis configurações microscópicas da água é a entropia. Mas uma coisa também é verdade: o próprio desfocamento determina uma variável particular, o tempo.

Na física relativística fundamental, em que nenhuma variável desempenha a priori o papel de tempo, podemos inverter a relação entre estado macroscópico e evolução no tempo: não é a evolução no tempo que determina o estado, mas é o estado, o desfocamento, que determina o tempo.

O tempo assim determinado por um estado macroscópico se denomina "tempo térmico". Em que sentido é tempo? De um ponto de vista microscópico, não tem nada de especial, é uma variável como qualquer outra. Mas, do ponto de vista macroscópico, tem uma característica crucial: entre tantas variáveis, todas no mesmo plano, o tempo térmico é aquele que se comporta da maneira mais semelhante à variável que costumamos chamar de "tempo", porque sua relação com os estados macroscópicos é idêntica à que conhecemos da termodinâmica.

Mas não é um tempo universal. É determinado por um estado macroscópico, ou seja, por um desfocamento, pela incompletude de uma descrição. No próximo capítulo vamos discutir a origem desse desfocamento, mas antes veremos mais um ponto, levando em conta a mecânica quântica.

TEMPO QUÂNTICO

Roger Penrose[7] é um dos mais lúcidos cientistas que se dedicaram ao estudo do espaço e do tempo. Chegou à conclusão de que, apesar de a física relativística não ser incompatível com nossa sensação do *fluir* do tempo, não parece suficiente para explicá-la; sugeriu que a peça faltante poderia ser o que acontece numa interação quântica.[8] Alain Connes, grande matemático francês, encontrou um jeito perspicaz de captar o papel da interação quântica na origem do tempo.

Quando uma interação torna concreta a *posição* de uma molécula, o estado da molécula é alterado. O mesmo vale para a sua *velocidade*. Se a velocidade é concretizada *primeiro* e depois a posição, o estado da molécula muda *de maneira diferente* de como faria se os dois eventos ocorressem na ordem inversa. A ordem é importante. Se meço primeiro a posição de um elétron e depois a velocidade, eu altero o seu estado de maneira diferente do que se medisse primeiro a velocidade e depois a posição.

Esta é a chamada "não comutatividade" das variáveis quânticas, porque posição e velocidade "não comutam", ou seja, não podem trocar de lugar impunemente. A não comutatividade é um dos fenômenos característicos da mecânica quântica. Ela determina uma ordem e, portanto, um germe de temporalidade na determinação de duas variáveis físicas. Determinar uma variável física não é uma operação inócua, é interagir. O efeito dessas interações depende da ordem, e essa ordem é uma forma primitiva de ordem temporal.

Talvez uma origem da ordem temporal do mundo seja o próprio fato de que o efeito das interações depende da ordem de sua sucessão. Esta é a ideia fascinante sugerida por Connes: a primeira semente da temporalidade nas transições quânticas elementares está no fato de que elas são naturalmente (parcialmente) ordenadas.

Connes apresentou uma refinada versão matemática dessa ideia: mostrou que uma espécie de fluxo temporal é definido implicitamente pela não comutatividade das variáveis físicas. Por causa dessa não comutatividade, o conjunto das variáveis físicas de um sistema define uma estrutura matemática chamada "álgebra de Von Neumann não comutativa", a qual Connes demonstrou ter em si um fluxo implicitamente definido.[9]

O surpreendente é que a relação entre o fluxo definido por Alain Connes para os sistemas quânticos e o tempo térmico é muito estreita: num sistema quântico, os fluxos térmicos determinados por estados macroscópicos diferentes são equivalentes, com exceção de certas simetrias internas,[10] e juntos formam precisamente o fluxo de Connes.[11] Em outras palavras: o tempo determinado pelos estados macroscópicos e o tempo determinado pela não comutatividade quântica são aspectos do mesmo fenômeno.

Esse tempo térmico — e quântico —, acredito,[12] é a variável que chamamos de "tempo" no universo real, onde uma variável tempo não existe no nível fundamental.

A indeterminação quântica intrínseca às coisas produz um desfocamento, como o desfocamento de Boltzmann, o qual leva — ao contrário do que parecia indicar a física clássica — a imprevisibilidade no mundo a permanecer, mesmo que agora possamos medir tudo o que é mensurável.

Ambas as fontes de desfocamento — a causada pelo fato de que os sistemas físicos são compostos por zilhões de moléculas e a causada pela indeterminação quântica — estão no cerne do tempo. A temporalidade está ligada profundamente ao desfocamento. O desfocamento é o fato de que somos ignorantes dos detalhes microscópicos do mundo. O tempo da física, em última análise, é a expressão da nossa ignorância do mundo. O tempo é a ignorância.

Alain Connes escreveu, com dois amigos, um pequeno romance de ficção científica. Charlotte, a protagonista, consegue por um momento ter toda a informação do mundo, sem desfocamentos. Charlotte chega a "ver" diretamente o mundo além do tempo: "Tive a sorte inaudita de experimentar uma percepção global do meu ser, não num momento particular da sua existência, mas como um 'todo'. Pude comparar a sua finitude no espaço, contra a qual ninguém se insurge, e a sua finitude no tempo, que, ao contrário, tanto nos escandaliza".

Depois entra de novo no tempo: "Tive a impressão de perder toda a informação infinita fornecida pelo cenário quântico, e essa perda bastou para me arrastar irresistivelmente no rio do tempo". A emoção que nasce disso é uma emoção do tempo: "Esta emergência do tempo me pareceu uma espécie de intrusão, uma fonte de confusão mental, de angústia, de medo, de dissociação".[13]

Nossa imagem desfocada e indeterminada da realidade determina uma variável, o tempo térmico, que tem algumas propriedades peculiares, as quais começam a se parecer com aquilo que chamamos de "tempo" — está na relação correta com os estados de equilíbrio.

O tempo térmico está ligado à termodinâmica, portanto ao calor, mas ainda não se parece com o tempo da nossa experiência porque não diferencia passado e futuro, não é orientado, nem tem aquilo que atribuímos ao fluxo. Ainda não estamos no tempo da nossa experiência.

De onde vem a distinção entre passado e futuro, que tanto valorizamos?

10. Perspectiva

Na noite impenetrável
da sua sabedoria
um deus encerra
a sucessão dos dias
que virão
e ri
do nosso humano sobressalto
(III, 29)

Toda a diferença entre passado e futuro pode ser atribuída ao único fato de que a entropia do mundo era baixa no passado.[1] Por que a entropia era baixa no passado?

Neste capítulo apresento uma ideia para uma possível resposta, "caso se queira ouvir a minha resposta para esta pergunta e a sua suposição talvez extravagante".[2] Não sei ao certo se é a resposta correta, mas é uma ideia pela qual me apaixonei.[3] Poderia esclarecer muitas coisas.

NÓS É QUE GIRAMOS!

Independentemente do que somos nos detalhes, nós, seres humanos, continuamos a ser componentes da natureza, um fragmento no grande afresco do cosmos, uma pequena peça entre tantas outras.

Entre nós e o resto do mundo há interações físicas. É claro que nem *todas* as variáveis do mundo interagem conosco ou com a parte do mundo a que pertencemos. Só uma fração muito pequena dessas variáveis o faz; a maior parte não tem qualquer interação conosco. Não nos vê e não a vemos. Por isso, configurações distintas do mundo são equivalentes para nós. A interação física entre mim e um copo d'água — dois componentes do mundo — independe dos detalhes do movimento de cada molécula da água. Do mesmo modo, a interação física entre mim e uma galáxia distante — dois componentes do mundo — ignora o que acontece em particular lá em cima. Portanto, nossa visão do mundo é desfocada. Porque as interações físicas entre nós e a parte do mundo a que temos acesso e à qual pertencemos são cegas para muitas variáveis.

Esse desfocamento é o núcleo da teoria de Boltzmann.[4] A partir dele nascem os conceitos de calor e entropia, e a estes estão ligados os fenômenos que caracterizam o fluxo do tempo. A entropia de um sistema, em particular, depende explicitamente do desfocamento. Depende do que *não* vejo, porque depende do número de configurações *indistinguíveis*. Uma *mesma* configuração microscópica pode ser de alta entropia em relação a um desfocamento e de baixa em relação a outro. O desfocamento, por sua vez, não é um construto: depende da interação física real, portanto a entropia de um sistema depende da interação física com o próprio sistema.[5]

Isso não significa que a entropia seja uma quantidade arbitrária ou subjetiva. Significa que é uma quantidade *relativa*, como a velocidade. A velocidade de um objeto não é propriedade apenas do objeto: é a propriedade do objeto em relação a outro. A velocidade de uma criança que corre num trem em velocidade tem um valor em relação ao trem (alguns passos por segundo) e outro em relação à Terra (cem quilômetros por hora). Quando a mãe diz ao filho "pare!", não pretende que ele se jogue pela janela para parar *em relação à Terra*. Pretende que fique parado *em relação ao trem*. A velocidade é uma propriedade de um corpo *em relação a outro corpo*. Uma quantidade *relativa*.

O mesmo vale para a entropia. A entropia de A em relação a B conta o número de configurações de A que as interações *físicas* entre A e B não distinguem.

Esclarecido esse ponto, que muitas vezes gera confusão, surge uma sedutora solução para o mistério da flecha do tempo.

A entropia *do mundo* não depende *apenas* da configuração do mundo; depende *também* de como estamos desfocando o mundo, o que, por sua vez, depende de quais são as variáveis do mundo com as quais *nós* interagimos, ou seja, a parte do mundo a que pertencemos.

A entropia inicial do mundo parece-nos muito baixa. Mas isso não corresponde ao estado exato do mundo: corresponde ao subconjunto de variáveis do mundo com que *nós*, como sistemas físicos, interagimos. É em relação ao dramático desfocamento produzido por *nossas* interações com o mundo, em relação ao pequeno conjunto de variáveis macroscópicas por meio das quais *nós* descrevemos o mundo que a entropia do universo era baixa.

Esse *fato* abre a possibilidade de que não foi o universo que esteve numa configuração muito peculiar no passado: talvez sejamos nós e nossas interações com o universo que somos particulares. Somos nós que determinamos uma descrição macroscópica peculiar. A baixa entropia inicial do universo, e portanto a flecha do tempo, poderia ser graças a *nós*, mais que ao universo. Essa é a ideia.

Pense num dos fenômenos mais evidentes e grandiosos, a rotação diurna do céu. É a característica mais imediata e magnífica do universo ao nosso redor: ele gira. Mas girar é realmente uma característica do universo? Não. Demoramos milênios, mas enfim compreendemos a rotação do céu: somos *nós* que giramos, não o universo. O girar do céu é um efeito de perspectiva causado pela maneira particular de nos mover, não por uma misteriosa propriedade da dinâmica do universo.

A flecha do tempo poderia ser o mesmo caso. A baixa entropia inicial do universo poderia ser por conta da maneira particular com que nós — o sistema físico do qual fazemos parte — interagimos com o universo. Estamos sintonizados num subconjunto muito particular de aspectos do universo, e é *isso* que é orientado no tempo.

Como uma interação específica entre nós e o resto do mundo pode determinar uma baixa entropia inicial?

Simples. Pegue doze cartas de um baralho, seis vermelhas e seis pretas. Organize-o com as seis cartas vermelhas no começo. Embaralhe um pouco e depois procure as cartas pretas que acabaram ficando entre as seis primeiras. Antes de embaralhar, não havia nenhuma; depois, aumentaram. É um exemplo ínfimo de aumento da entropia. No início do jogo, o número de cartas pretas entre as seis primeiras é zero (a entropia é baixa) porque o jogo começou numa configuração *especial*.

Façamos agora uma brincadeira diferente. Embaralhe as cartas de modo arbitrário, depois *olhe* as seis primeiras cartas do maço e memorize-as. Embaralhe um pouco e depois procure *outras* cartas que acabaram ficando entre as seis primeiras. No início não havia nenhuma, depois esse número aumentou como antes, e como a entropia. Mas há uma diferença crucial em relação ao caso precedente: no início, as cartas estavam numa configuração *qualquer*. Foi *você* que as declarou particulares, vendo-as na frente do maço no início da brincadeira.

O mesmo poderia valer para a entropia do universo: talvez o universo não estivesse numa configuração particular. Talvez nós é que pertençamos a um sistema físico em relação ao qual aquele estado era particular.

Mas por que deveria haver um sistema físico em relação ao qual a configuração do universo seja especial? Porque na imensidão do universo os sistemas físicos são incontáveis, e interagem uns com os outros de formas ainda mais incontáveis. Entre eles, pelo ilimitado jogo das probabilidades e dos grandes números, é bem provável que haja algum que interaja com o resto do universo com as *mesmas* variáveis que eram peculiares no passado.

Num universo tão amplo como o nosso, não é de admirar que existam subconjuntos "especiais". Não é de admirar que *alguém* ganhe na loteria: alguém é sorteado toda semana. Não é natural pensar que o universo todo tenha tido uma configuração surpreendentemente "especial" no passado, mas não é nem um pouco antinatural imaginar que o universo tenha partes "especiais".

Se um subconjunto do universo é especial nesse sentido, então para *esse* subconjunto a entropia do universo é baixa no passado — vale a segunda lei da termodinâmica, existem memória, traços, pode haver evolução, vida, pensamento etc.

Em outras palavras, se no universo existe alguma coisa semelhante — e acho natural que possa existir —, nós pertencemos a essa coisa. Por "nós" entenda-se o conjunto de variáveis físicas a que comumente temos acesso, com o qual descrevemos o universo. Portanto, é possível que o fluxo do tempo não seja uma característica do universo: da mesma forma que a rotação da abóbada celeste é a perspectiva particular da parte do mundo a que pertencemos.

Mas por que *nós* teríamos de pertencer *precisamente* a um *desses* sistemas especiais?

Pelo mesmo motivo pelo qual as maçãs crescem *precisamente* no norte da Europa onde as pessoas bebem sidra, enquanto a uva cresce *precisamente* no sul, onde se bebe vinho; ou porque onde nasci as pessoas falam *precisamente* a minha língua, ou porque o sol que nos aquece está *precisamente* na distância certa de nós, nem muito longe nem muito perto. Em todos esses casos, a "estranha" coincidência vem da confusão da direção das relações causais: não é que as maçãs cresçam onde as pessoas bebem sidra, as pessoas é que bebem sidra onde crescem as maçãs. Vista dessa maneira, não há nenhuma estranheza.

Da mesma forma, na ilimitada variedade do universo pode haver sistemas físicos que interagem com o resto do mundo através de algumas variáveis particulares que definem uma baixa entropia inicial. Em relação a *esses* sistemas, a entropia está em constante aumento. Ali, não em outro lugar, existem os fenômenos típicos do fluxo do tempo, é possível haver vida, evolução, pensamentos e consciência do fluxo do tempo. Ali existem as maçãs que produzem a nossa sidra: o tempo. Aquele suco doce, constituído de ambrosia e fel, que é a vida.

INDEXICALIDADE

Quando fazemos ciência, queremos descrever o mundo da maneira mais objetiva possível. Procuramos eliminar distorções e ilusões ópticas provenientes do nosso ponto de vista. A ciência aspira à objetividade. A um ponto de vista comum em que estejamos de acordo.

Isso é ótimo, mas é preciso prestar atenção ao que se perde ignorando o ponto de vista de quem observa. Em sua ânsia por objetividade, a ciência não pode esquecer que a experiência que temos do mundo provém de dentro. Cada olhar que lançamos sobre o mundo provém sempre de uma perspectiva particular.

Levar em conta esse fato esclarece muitas coisas. Esclarece, por exemplo, a relação entre o que diz um mapa geográfico e o que vemos. Para comparar um mapa geográfico com o que vemos, precisamos acrescentar uma informação crucial: reconhecer no mapa o ponto onde estamos. O mapa não sabe onde estamos, a não ser que esteja afixado no lugar da região que representa, como os mapas de localização comuns nas regiões montanhosas, que têm um ponto vermelho com a inscrição: "Você está aqui".

O que é uma frase estranha, porque o que o mapa sabe sobre nossa localização? Talvez o estejamos olhando de longe, com um binóculo. Em vez disso, o mapa deveria trazer a inscrição: "Eu, mapa, estou aqui", e uma flecha no ponto vermelho. Mas seria um pouco estranho o mapa dizer "eu". Seria possível disfarçar com uma frase menos chamativa, como esta: "Este mapa está aqui", com uma flecha no ponto vermelho. Mas também assim há algo de curioso num texto que faz referência a si mesmo. O que há de curioso?

Trata-se daquilo que os filósofos chamam de "indexicalidade". A indexicalidade é a característica que certas palavras especiais têm de apresentar um significado diferente a cada vez que são usadas. Um significado que é determinado por onde, como, quando e por quem são pronunciadas. Palavras como "aqui", "agora", "eu", "isto", "hoje"... assumem um significado diferente dependendo do sujeito que as pronuncia e das circunstâncias em que são pronunciadas. "Eu me chamo Carlo Rovelli" é uma frase verdadeira se é dita por mim, mas em geral falsa se pronunciada por outra pessoa. "Hoje é 12 de setembro de 2016" é uma frase verdadeira no momento em que a estou escrevendo e falsa dentro de poucas horas. Essas frases indexicais fazem referência explícita ao fato de que existe um ponto de vista, que é inerente a toda descrição do mundo observado.

Quando apresentamos uma descrição do mundo que ignora os pontos de vista, ou seja, que é unicamente "de fora", do espaço, do tempo, de um sujeito, podemos dizer muitas coisas, mas perdemos alguns aspectos cruciais do mundo. Porque o mundo que nos é apresentado é o que é visto de dentro, não o que é visto de fora.

Muitas coisas do mundo que vemos são compreensíveis se levarmos em conta a existência do ponto de vista. Do contrário, tornam-se incompreensíveis. Em toda experiência, estamos localizados no mundo: dentro de uma mente, um cérebro, um lugar no espaço, um momento no tempo. Essa localização no mundo é essencial para compreendermos a *nossa* experiência do tempo. Ou seja, não podemos confundir as estruturas temporais que estão no mundo "visto de fora" com os aspectos do mundo que observamos, os quais dependem do fato de que somos parte dele e da nossa localização nele.[6]

Para usar um mapa geográfico, não basta olhá-lo de fora, é preciso saber onde estamos na representação dada por ele. Para compreender nossa experiência do espaço, não basta pensar no espaço de Newton, temos de lembrar que vemos esse espaço de dentro, que estamos localizados nele. Para compreender o tempo, não é suficiente pensá-lo de fora: temos de compreender como *nós*, em cada instante da nossa experiência, estamos localizados nele.

Observamos o universo a partir de dentro, interagindo com uma minúscula porção das incontáveis variáveis do cosmos. Vemos uma imagem desfocada dele. Esse desfocamento implica que a dinâmica do universo com que interagimos é governada pela entropia, que, por sua vez, mede a magnitude do desfocamento. Mede algo que diz respeito mais a nós que ao cosmos.

Estamos nos aproximando perigosamente de nós mesmos. Parece que já podemos ouvir Tirésias, no *Édipo*, dizendo: "Pare! Ou encontrará a si mesmo"... Ou Hildegarda de Bingen, que no século XII procura o absoluto e acaba pondo "o homem universal" no centro do cosmos.

O homem universal no centro do cosmos no Liber Divinorum Operum *de Hildegarda de Bingen* (1164-70).

Mas antes de chegar a este "nós", precisamos de mais um capítulo, o próximo, para ilustrar como o aumento da entropia — talvez apenas um fenômeno de perspectiva, no fim das contas — pode dar origem a toda a vasta fenomenologia do tempo.

* * *

Resumo o árido percurso dos dois últimos capítulos, com a esperança de não ter perdido todos os meus leitores. No nível fundamental, o mundo é um conjunto de acontecimentos *não* ordenados no tempo. Estes travam relações com variáveis físicas que estão a priori no mesmo plano. Cada parte do mundo interage com uma pequena parte de todas as variáveis, cujo valor determina "o estado do mundo em relação a esse subsistema".

Assim, para cada parte do mundo, há configurações indistinguíveis do restante do mundo. A entropia as conta. Os estados com mais configurações indistinguíveis são mais frequentes, e portanto os estados de máxima entropia são aqueles que genericamente descrevem "o restante do mundo" visto a partir de um subsistema. De maneira natural, esses estados parecem em equilíbrio em relação a um fluxo a que estão associados. O parâmetro desse fluxo é o tempo térmico.

Entre as incontáveis partes do mundo, haverá algumas particulares para as quais os estados associados a uma extremidade do tempo térmico têm *poucas* configurações. Para *esses* sistemas, o fluxo não é simétrico; a entropia aumenta. Esse aumento é o que nós sentimos como sendo o fluir do tempo.

Não sei ao certo se se trata de uma história plausível, mas não conheço melhores. A alternativa é aceitar como um dado de observação o fato de que a entropia era baixa no início da vida do universo, e parar por aí.[7]

O que nos conduz é a lei $\Delta S \geq 0$ enunciada por Clausius, que Boltzmann começou a decifrar. Depois de tê-la perdido na busca das leis gerais do mundo, voltamos a encontrá-la como possível efeito de perspectiva para subsistemas particulares. Recomecemos daqui.

11. O que emerge de uma peculiaridade

Por que o alto pinheiro
e o pálido choupo
entrelaçam os ramos
para nos dar tão doce sombra?
Por que a água corrente
inventa brilhantes espirais
no tortuoso riacho?
(II, 9)

É A ENTROPIA, NÃO A ENERGIA, QUE IMPULSIONA O MUNDO

Ensinaram-me na escola que é a energia que faz o mundo girar. Devemos obter energia, por exemplo, do petróleo, do sol ou da energia nuclear. A energia faz os motores se movimentarem, promove o crescimento das plantas e nos faz acordar cheios de vida todas as manhãs.

Mas algo não está certo. A energia — também me disseram

na escola – se conserva. Não se cria e não se destrói. Se ela se conserva, que necessidade temos de buscar mais energia? Por que não usamos sempre a mesma? A verdade é que temos energia em abundância e ela não se consome. Não é de energia que o mundo precisa para avançar. É de baixa entropia.

A energia (mecânica, química, elétrica ou potencial) se transforma em energia térmica, ou seja, em calor, e vai para as coisas frias. Depois não há mais como trazê-la de volta gratuitamente e reutilizá-la para fazer crescer uma planta ou movimentar um motor. Nesse processo, a energia continua a mesma, mas a entropia aumenta, e é *esta* que não retorna. É o segundo princípio da termodinâmica que a consome.

O que faz o mundo girar não são as fontes de energia, são as fontes de baixa entropia. Sem baixa entropia, a energia se diluiria em calor uniforme e o mundo voltaria ao seu estado de equilíbrio térmico, em que já não existe distinção entre passado e futuro e nada acontece.

Perto da Terra, temos uma rica fonte de baixa entropia: o Sol. O Sol nos envia fótons quentes. Depois a Terra irradia calor para o céu escuro, emitindo fótons mais frios. A energia que entra é mais ou menos igual à que sai, portanto não ganhamos energia na troca (quando ganhamos, é um desastre para nós: é o aquecimento climático). Mas para cada fóton quente que chega, a Terra emite uma dezena de fótons frios, porque um fóton quente do Sol tem a mesma energia de uma dezena de fótons frios emitidos pela Terra. O fóton quente tem *menos entropia* que os dez fótons frios, porque o número de configurações de um único fóton (quente) é menor que o número de configurações de dez fótons (frios). Portanto, o Sol é uma riquíssima e contínua fonte de baixa entropia para nós. Temos à disposição baixa entropia em abundância, e é *esta* que permite que as plantas e os animais cresçam, que nos possibilita construir motores, cidades, pensamentos e até escrever livros como este.

De onde vem a baixa entropia do Sol? Do fato de que o Sol nasce de uma configuração de entropia ainda menor — a nuvem primordial da qual se formou o Sistema Solar tinha uma entropia ainda menor. E assim sucessivamente para trás, até a baixíssima entropia inicial do universo.

É o aumento da entropia do universo que conduz a grande história do cosmos.

Mas o aumento da entropia no universo não é rápido como a expansão repentina de um gás numa caixa: é gradual e demorado. Mesmo com um misturador gigantesco, mexer uma coisa tão grande como o universo leva tempo. Acima de tudo, existem portas fechadas e obstáculos para o aumento da entropia, passagens difíceis de percorrer.

Por exemplo, uma pilha de lenha, se deixada de lado, dura por muito tempo. Não está num estado de máxima entropia, porque os elementos de que é feita, como carbono e hidrogênio, estão combinados de uma maneira muito particular ("ordenada") para dar forma à lenha. A entropia aumenta se essas combinações particulares se desfazem. É o que acontece quando a madeira queima: seus elementos se desagregam das estruturas particulares de que é formada, e a entropia aumenta de maneira brusca (de fato, o fogo é um processo fortemente irreversível). No entanto, a madeira não começa a queimar sozinha. Fica por muito tempo em seu estado de baixa entropia até que alguma coisa abre uma porta que lhe permite passar para um estado de entropia mais elevada. Embora uma pilha de lenha seja um estado instável, como um castelo de cartas, enquanto não surge algo que a faça desmoronar, não desmorona. Este algo é, por exemplo, um fósforo que acende uma chama. A chama é um processo que abre um canal através do qual a madeira pode passar a um estado de entropia mais elevada.

Obstáculos que dificultam e, portanto, diminuem o aumento da entropia encontram-se por toda a parte no universo. No passado, por exemplo, o universo era substancialmente um imenso campo de hidrogênio. O hidrogênio pode fundir-se em hélio, e o hélio tem entropia mais elevada que o hidrogênio. Mas para que isso aconteça é necessário que se abra um canal: deve-se acender uma estrela, para que então o hidrogênio comece a queimar em hélio. O que acende as estrelas? Outro processo que eleva a entropia: a contração causada pela gravidade de grandes nuvens de hidrogênio que flutuam pela galáxia. Uma nuvem de hidrogênio contraída tem entropia mais elevada que uma nuvem de hidrogênio dispersa.[1] Mas as nuvens de hidrogênio, por sua vez, levam milhões de anos para se contrair, porque são grandes. E apenas depois de concentradas se aquecem a ponto de provocar o processo de fusão nuclear que abre uma porta para a possibilidade da entropia de crescer ainda mais, transformando o hidrogênio em hélio.

Toda a história do universo é esse instável e alternante aumento cósmico da entropia. Não é nem rápido nem uniforme, porque as coisas ficam presas em bacias de baixa entropia (a pilha de lenha, a nuvem de hidrogênio...) até que algo intervém para abrir a porta de um processo que permite o crescimento posterior da entropia. O próprio crescimento da entropia às vezes abre novas portas através das quais a entropia recomeça a crescer. Um dique na montanha, por exemplo, retém a água até que o desgaste do tempo o consome e a água corre para o vale, elevando a entropia. Ao longo desse percurso irregular, pequenos ou grandes pedaços de universo permanecem isolados em situações relativamente estáveis às vezes por períodos muito longos.

Os seres vivos são constituídos por processos semelhantes, que se encadeiam um no outro. As plantas recolhem os fótons de baixa entropia do Sol através da fotossíntese. Os animais se alimentam de baixa entropia ao comerem. (Se precisássemos apenas de energia, e não de entropia, iríamos todos para o calor do deserto do Saara em vez de comer.) No interior de cada célula viva, a complexa rede de processos químicos é uma estrutura que abre e fecha portas através das quais a baixa entropia aumenta. Moléculas funcionam como catalisadores que desencadeiam processos, ou os freiam. O aumento da entropia em cada processo individual é o que permite o funcionamento do todo. A vida é essa rede de processos de aumento de entropia que se catalisam reciprocamente.[2] Não é verdade, como às vezes se diz, que a vida gera estruturas particularmente ordenadas, ou diminui a entropia local: é apenas um processo nutrido pela baixa entropia do alimento; é um desordenar-se autoestruturado, como o restante do universo.

Até os fenômenos mais banais são governados pela segunda lei da termodinâmica. Uma pedra cai no chão. Por quê? Lemos com frequência que é porque a pedra se coloca "no estado de energia mais baixa", que estaria no solo. Mas por que a pedra deveria se colocar no estado de energia mais baixa? Por que deveria perder energia, se a energia se conserva? A resposta é que, quando a pedra atinge o chão, o aquece: sua energia mecânica se transforma em calor, e não há retorno. Se não existisse a segunda lei da termodinâmica, se não existisse o calor, se não existisse o pulular microscópico, a pedra continuaria a pular, não pararia nunca.

É a entropia, e não a energia, que faz as pedras permanecerem no chão e o mundo girar.

Todo o devir cósmico é um processo gradual de desordem, como o maço de cartas que começa em ordem e depois se desorganiza ao ser embaralhado. Não existem mãos imensas que embaralham o universo, o universo se embaralha sozinho, nas interações entre as partes que se abrem e se fecham no próprio decorrer do embaralhamento, passo a passo. Grandes regiões ficam presas em configurações que permanecem ordenadas, depois aqui e ali se abrem novos canais através dos quais a desordem se alastra.[3]

O que desencadeia os eventos do mundo, o que escreve a história do mundo, é a irresistível mistura de todas as coisas, que vai das poucas configurações ordenadas às incontáveis configurações desordenadas. O universo inteiro é como uma montanha que desmorona aos poucos. Como uma estrutura que se desmancha gradualmente.

Dos eventos menores aos mais complexos, esta é dança de entropia crescente, alimentada pela baixa entropia inicial do cosmos, a verdadeira dança de Shiva, o destruidor.

VESTÍGIOS E CAUSAS

O fato de que a entropia foi baixa no passado surtiu um efeito importante, que é crucial para a distinção entre passado e futuro e é onipresente: os vestígios que o passado deixa no presente.

Há vestígios por toda parte. As crateras na Lua testemunham impactos passados. Os fósseis mostram a forma dos seres vivos no passado. Os telescópios nos mostram como eram galáxias distantes no passado. Os livros contam a história passada. E o cérebro fervilha de lembranças.

Existem vestígios do passado e não vestígios do futuro *apenas* porque a entropia era baixa no passado. Por nenhuma outra razão. A única fonte da diferença entre passado e futuro é a baixa entropia de antes, portanto não podem haver outras razões.

Para deixar um vestígio, é necessário que alguma coisa se detenha, pare de se mover, e isso só pode acontecer com um processo irreversível, ou seja, transformando energia em calor. Por isso os computadores esquentam, o cérebro esquenta, os meteoros caídos na Lua a esquentam e até a pena de ganso dos escribas nas abadias beneditinas na Idade Média esquentava um pouco o papel no qual depositava a tinta. Num mundo sem calor, tudo ricocheteia como elástico e nada deixa vestígio de si.[4]

É a presença de abundantes vestígios do passado que produz a sensação familiar de que o passado é determinado. A ausência de vestígios análogos do futuro produz a sensação de que o futuro está aberto. A existência de vestígios é o que faz nosso cérebro dispor de extensos mapas de eventos passados e nada análogo para os eventos futuros. Esse fato tem origem na sensação de que podemos atuar livremente no mundo, escolhendo entre diversos futuros, mas não interferir no passado.

Os vastos mecanismos do cérebro dos quais não temos consciência direta ("Não sei por que estou tão triste", começa dizendo Antônio no *Mercador de Veneza*) foram desenhados no decorrer da evolução para fazer cálculos referentes a futuros possíveis: é o que chamamos de "decidir". E por elaborarem possíveis futuros alternativos que aconteceriam se o presente fosse exatamente como é exceto por um detalhe, para nós passa a ser natural pensar em "causas" que precedem "efeitos" — a causa de um evento futuro é um evento passado, de modo que o evento futuro não teria ocorrido num mundo em que tudo fosse igual exceto a causa.[5]

Em nossa experiência, a noção de causa é assimétrica no tempo: a causa precede o efeito. Quando reconhecemos que dois eventos "têm a mesma causa" em particular, encontramos essa causa comum[6] no passado, não no futuro: se duas ondas de tsunamis chegam juntas a duas ilhas vizinhas, pensamos que houve um evento que causou as duas *no passado*, não no futuro. Mas isso não ocorre porque existe uma força mágica de "causação" do passado para o futuro. Ocorre porque a improbabilidade de uma correlação entre dois eventos exige algo improvável, e *apenas* a baixa entropia do passado fornece essa improbabilidade. Que outra coisa poderia fazê-lo? Em outras palavras, a existência de causas comuns no passado é apenas uma manifestação da baixa entropia passada. Num estado de equilíbrio térmico, ou num sistema puramente mecânico, não há uma direção do tempo identificada pela causalidade.

As leis da física elementar não falam de "causas", mas apenas de regularidades, simétricas em relação ao passado e ao futuro. Num artigo famoso, Bertrand Russell observa isso e enfatiza: "A lei da causalidade [...] é uma relíquia de uma era passada que sobrevive, como a monarquia, apenas porque se supõe erroneamente que não causa dano".[7] Ele exagera, porque o fato de não existirem "causas" *no nível elementar* não é razão suficiente para tornar a noção de causa obsoleta:[8] no nível elementar, não existem nem sequer gatos, mas nem por isso deixamos de ter gatos. A baixa entropia do passado torna eficaz a noção de causa.

Mas memória, causas e efeitos, fluir, determinação do passado e indeterminação do futuro não passam de nomes que damos às consequências de um fato estatístico: a improbabilidade de um estado passado do universo.

Causas, memória, vestígios, a própria história do acontecer do mundo que se estende não apenas nos séculos e nos milênios da história humana, mas nos bilhões de anos da grande narrativa cósmica, tudo isso nasce do fato de que a configuração das coisas foi "particular" há alguns bilhões de anos.[9]

E "particular" é um termo relativo: algo é particular em relação a uma perspectiva. A um desfocamento. Que, por sua vez, é determinado pelas interações que um sistema físico tem com o restante do mundo. Causas, memórias, vestígios, a própria história do acontecer do mundo, portanto, podem ser apenas perspectivas: como é a rotação do céu um efeito do nosso peculiar ponto de vista sobre o mundo... Inexoravelmente, o estudo do tempo apenas nos remete a nós. Então voltemos enfim a nós mesmos.

12. O perfume da madeleine

Feliz
e dono de si mesmo
o homem que
para cada dia de seu tempo
pode dizer:
"Hoje vivi;
amanhã o deus estenda para nós
um horizonte de nuvens escuras
ou invente uma manhã resplandecente
de luz,
não mudará o nosso pobre
passado,
não fará nada sem memória
das histórias que a hora fugidia
nos terá destinado"
(III, 29)

Chegamos assim a nós mesmos e ao papel que desempenhamos em relação à natureza do tempo. Antes de tudo, o que somos "nós", seres humanos? Entidades? Mas o mundo não é feito de entidades, é feito de acontecimentos que se combinam... Então, o que sou "eu"?

No *Milindapañha*, texto budista em língua pāli do século I antes da nossa era, Nāgasena responde às perguntas do rei Milinda, negando sua existência como entidade:[1]

> O rei Milinda diz ao sábio Nāgasena: Qual é o seu nome, mestre? O mestre responde: Eu me chamo Nāgasena, ó grande rei; mas Nāgasena é apenas um nome, uma denominação, uma expressão, uma simples palavra: aqui não há nenhum sujeito.

O rei admira-se com uma afirmação que se mostra tão extrema:

> Se não há nenhum sujeito, então quem tem vestes e alimentos? Quem vive na virtude? Quem mata, quem rouba, quem sente prazer, quem mente? Se não há nenhum artífice, já não há nem bem nem mal...

E argumenta que o sujeito deve ter uma existência própria, que não se reduz aos seus componentes:

> Nāgasena são os cabelos, mestre? São as unhas, os dentes, a carne ou os ossos? É o nome? São as sensações, as representações, o conhecimento? Nada de tudo isso...

O sábio responde que "Nāgasena" na verdade não é nenhuma dessas coisas, e o rei parece vencer a discussão: se Nāgasena não é nenhuma dessas coisas, então deve ser alguma outra, e essa alguma outra coisa será o sujeito Nāgasena, que portanto existe.

Mas o sábio rebate usando a mesma argumentação dele, perguntando-lhe onde existe uma carroça:

> A carroça são as rodas? A carroça é a carroceria? A carroça é o jugo? A carroça é o conjunto das partes?

O rei responde cautelosamente que "carroça" diz respeito apenas à relação entre, e com, o conjunto de rodas, carroceria, jugo..., ao seu funcionamento em conjunto e em relação a nós, e não existe a entidade "carroça" além dessas relações e eventos. Nāgasena vence: do mesmo modo que "carroça", o nome "Nāgasena" designa apenas um conjunto de relações e de acontecimentos...

Somos processos, acontecimentos, compósitos e limitados no espaço e no tempo.

Mas se não somos uma entidade individual, o que funda a nossa identidade e a nossa unidade? O que me faz ser Carlo, considerando parte de mim tanto os meus cabelos quanto as unhas dos meus pés, tanto as minhas irritações quanto os meus sonhos, e me considerando o mesmo Carlo de ontem, o mesmo Carlo de amanhã, que pensa, sofre e sente?

Diversos elementos fundam a nossa identidade. Três deles são importantes para o tema deste livro:

1. O primeiro é que cada um de nós se identifica com *um ponto de vista* sobre o mundo. O mundo se reflete dentro de cada um de nós através de uma rica gama de correlações essenciais à sobrevivência.[2] Cada um de nós é um processo complexo que reflete o mundo e elabora suas informações de maneira estritamente integrada.[3]

2. O segundo ingrediente que funda a nossa identidade é o mesmo que o de uma engenhoca. Ao refletir sobre o mundo, nós o organizamos em entes: pensamos o mundo reagrupando e dividindo o melhor possível um contínuo de processos mais

ou menos uniformes e estáveis, para melhor interagir com eles. Reagrupamos um conjunto de rochas num ente que chamamos Monte Branco, e o pensamos como uma coisa unitária. Desenhamos linhas no mundo, que o dividem em partes; estabelecemos limites, nos apropriamos do mundo dividindo-o em pedaços. É a estrutura do nosso sistema nervoso que funciona dessa maneira. Recebe inputs sensoriais, elabora informações o tempo todo, gerando comportamentos. Faz isso por meio de redes de neurônios que formam sistemas dinâmicos flexíveis que continuamente se modificam procurando prever[4] — o quanto possível — o fluxo de informações recebidas. Para fazer isso, as redes de neurônios evoluem associando pontos fixos mais ou menos estáveis de sua dinâmica a padrões recorrentes que encontram na informação recebida ou indiretamente nos próprios processos de elaboração. Isso é o que parece surgir do fervilhante campo das pesquisas atuais sobre o cérebro.[5] Se é assim, as "coisas", como os "conceitos", são pontos fixos na dinâmica neuronal, induzidos por estruturas recorrentes nos inputs sensoriais e no processo da elaboração sucessiva. Refletem uma combinação de aspectos do mundo que dependem de estruturas recorrentes no mundo e de sua relevância na interação conosco. Isto é uma engenhoca. Hume ficaria feliz em saber desses progressos na compreensão do cérebro.

Em especial, reagrupamos numa imagem unitária o conjunto de processos que constituem aqueles organismos vivos que são os *outros* seres humanos, porque nossa vida é social, portanto interagimos muito com eles, os quais são entrelaçamentos de causas e efeitos muito relevantes para nós. Formamos a ideia de "ser humano" interagindo com nossos semelhantes. Creio que vem daí a noção de nós mesmos, não da introspecção. Quando pensamos em nós como pessoa, estamos aplicando a nós mesmos os circuitos mentais que desenvolvemos para lidar com nossos companheiros. A primeira imagem que tenho de mim quando menino é o menino que minha mãe vê. Em larga escala, somos para nós mesmos o que vemos e vimos de nós refletido em nossos amigos, amores e inimigos.

Jamais me convenceu a ideia, muitas vezes atribuída a Descartes, de que o mais importante em nossa experiência é a consciência do fato de que pensamos e, logo, existimos. (Até a atribuição da ideia a Descartes me parece errônea: *Cogito ergo sum* não é o primeiro passo da reconstrução cartesiana, é o segundo. O primeiro é *Dubito ergo cogito*. O ponto de partida da reconstrução não é um hipotético a priori seguido da experiência de existir como sujeito. Pelo contrário, é uma reflexão racionalista a posteriori do percurso que o havia levado a duvidar *anteriormente*: como duvidou, a razão lhe garante que quem duvida pensa e, portanto, existe. Trata-se de uma consideração essencialmente em terceira pessoa, não em primeira, ainda que seja desenvolvida a sós. O ponto de partida de Descartes é a dúvida metódica de um intelectual culto e refinado, não a experiência elementar de um indivíduo.) A experiência de pensar a nós mesmos como sujeito não é uma experiência primária: é uma complexa dedução cultural, ao final de muitos pensamentos. Minha experiência primária — partindo do pressuposto de que isso significa alguma coisa — é ver o mundo ao meu redor, não a mim mesmo. Creio que temos a ideia de "mim mesmo" apenas porque a certa altura aprendemos a projetar em nós a noção de ser humano, de companheiro, que a evolução nos levou a desenvolver no decorrer dos milênios para lidar com os outros membros do grupo; refletimos a ideia de quem somos que enxergamos em nossos semelhantes.

3. Mas há um terceiro ingrediente que funda a nossa identidade, e provavelmente é o essencial, razão pela qual esta delicada discussão está presente num livro sobre o tempo: a memória.

Não somos um conjunto de processos independentes, em momentos sucessivos. Cada momento da nossa existência está conectado com um peculiar fio triplo ao nosso passado — aquele imediatamente precedente e aquele mais distante — pela memória. Nosso presente pulula de vestígios do passado. Somos *histórias* para nós mesmos. Relatos. Eu não sou esta massa instantânea de carne deitada no sofá que tecla a letra "a" no notebook; sou os meus pensamentos repletos de vestígios da frase que estou escrevendo, sou os carinhos da minha mãe, a doçura serena com que meu pai me educou, sou minhas viagens de adolescente, minhas leituras que se estratificaram no meu cérebro, meus amores, meus momentos de desespero, minhas amizades, as coisas que escrevi, que ouvi, os rostos que ficaram impressos em minha memória. Sou sobretudo aquele que há um minuto tomou uma xícara de chá. Aquele que há um instante escreveu a palavra "memória" no teclado do computador. Aquele que há um segundo imaginava esta frase que agora estou completando. Se tudo isso desaparecesse, eu ainda existiria? Eu sou este longo romance que é a minha vida.

É a memória que une os processos espalhados no tempo dos quais somos constituídos. Nesse sentido, existimos no tempo. Por isso sou o mesmo que era ontem. Compreender a nós mesmos significa refletir sobre o tempo. Mas compreender o tempo significa refletir sobre nós mesmos.

Um livro recente dedicado às pesquisas sobre o funcionamento do cérebro tem o título *Il tuo cervello è una macchina del tempo* [Seu cérebro é uma máquina do tempo].[6] Discute as muitas maneiras pelas quais o cérebro interage com o passar do tempo e estabelece pontes entre passado, presente e futuro. Em grande parte, o cérebro é um mecanismo que coleta memória do passado para usá-la continuamente para prever o futuro. Isso acontece num amplo espectro de escalas temporais, a partir de escalas muito curtas — se alguém arremessa um objeto em nossa direção, nossa mão se move com destreza para onde o objeto chegará em poucos segundos, a fim de agarrá-lo: o cérebro, usando as impressões passadas, calcula rápido a posição futura do objeto que está vindo até nós — até escalas muito longas, como quando plantamos o trigo para que a espiga cresça. Ou quando investimos em pesquisa científica, para que amanhã tenhamos tecnologia e conhecimento. A possibilidade de prever alguma coisa do futuro obviamente melhora as chances de sobrevivência, por isso a evolução selecionou essas estruturas neurais, e nós somos o resultado delas. Este viver entre eventos passados e eventos futuros é central na nossa estrutura mental. Este é para nós o "fluir" do tempo.

Há estruturas elementares no cabeamento do nosso sistema nervoso que detectam de imediato o movimento: um objeto que aparece num lugar e logo depois em outro não gera dois sinais distintos que viajam para o cérebro defasados no tempo, mas um único sinal, correlacionado com o fato de que estamos olhando uma coisa que se move. Em outras palavras, aquilo que percebemos não é o presente, o que não faria sentido em um sistema que funciona em escalas de tempo finitos, mas sim algo que acontece e é extenso no tempo. É no cérebro que uma extensão no tempo se condensa em percepção de duração.

A intuição é antiga. As considerações de Santo Agostinho sobre isso tornaram-se famosas.

No livro XI das *Confissões*, Agostinho se pergunta sobre a natureza do tempo e — ainda que interrompida por exclamações em estilo de pregador evangélico que considero bastante tediosas — apresenta uma lúcida análise da nossa capacidade de perceber o tempo. Observa que estamos sempre no presente, porque o passado é passado e, portanto, não existe, enquanto o futuro ainda vai chegar, e portanto também não existe. E se pergunta como podemos ter consciência da duração, até avaliá-la, se estamos sempre apenas no presente, que é por definição instantâneo. Como fazemos para saber com tanta clareza sobre o passado, sobre o tempo, se estamos sempre apenas no presente? Aqui e agora, não existem passado e futuro. Onde estão? A conclusão de Agostinho: estão em nós.

> É na minha mente, então, que meço o tempo. Não devo permitir que minha mente insista que o tempo é algo objetivo. Quando meço o tempo, estou medindo algo no presente da minha mente. Ou o tempo é isso, ou não sei o que é.

A ideia é mais convincente do que pode parecer à primeira vista. Podemos dizer que medimos a duração com um relógio. Mas, para fazê-lo, é preciso ler o relógio em dois momentos distintos: isso não é possível, porque estamos sempre num único momento, nunca em dois. No presente, vemos apenas o presente; podemos ver coisas que interpretamos como *vestígios* do passado, mas entre ver vestígios do passado e perceber o fluxo do tempo há uma diferença capital, e Agostinho se dá conta de que a raiz dessa diferença, a consciência do passar do tempo, é interna. É parte da mente. São os vestígios do passado no cérebro.

A discussão de Agostinho é muito bonita. Apoia-se na música. Quando ouvimos um hino, o sentido de um som é dado pelos sons precedentes e sucessivos. A música só faz sentido no tempo, mas se a cada momento estamos apenas no presente, como podemos apreender esse sentido? É porque — observa Agostinho — a nossa consciência fundamenta-se na memória e na antecipação. O hino, um canto, estão de algum modo presentes em nossa mente de forma unitária, mantidos juntos por aquilo que para nós é o tempo. O tempo, portanto, é isto: existe inteiramente no presente, na nossa mente como memória e como antecipação.

A ideia de que o tempo pode existir apenas na mente decerto não se tornou dominante no pensamento cristão. Ao contrário, é uma das proposições condenadas explicitamente como heréticas pelo bispo de Paris, Étienne Tempier, em 1277. Entre a sua lista de proposições condenadas, lemos:

> *Quod evum et tempus nihil sunt in re,*
> *sed solum in apprehensione.*[7]

Ou seja: "[É herético afirmar que] as eras e o tempo não têm existência na realidade, apenas na mente". Talvez meu livro esteja incorrendo em heresia... mas visto que Agostinho continua a ser considerado santo, acho que não preciso me preocupar: o cristianismo é flexível...

Pode parecer fácil objetar a Agostinho que os vestígios do passado que ele encontra dentro de si só podem estar ali porque refletem uma estrutura real do mundo externo. No século XIV, Guilherme de Ockham, por exemplo, afirma em sua *Philosophia Naturalis* que o homem observa tanto os movimentos do céu quanto aqueles em si, e portanto percebe o tempo através da própria coexistência com o mundo. Séculos depois, Husserl insiste — com razão — na distinção entre tempo físico e "consciência interna do tempo": para um bom naturalista, que não quer afundar nos redemoinhos inúteis do idealismo, o mundo físico vem antes, enquanto a consciência — independentemente do quanto a compreendamos bem — é determinada por ele. É uma objeção muito razoável, uma vez que a física nos garante que o fluxo do tempo externo a nós é real, universal e coerente com nossas intuições. Mas se a física nos mostra o quanto esse tempo *não* é parte elementar da realidade física, ainda podemos ignorar a observação de Agostinho e tratá-la como irrelevante em relação à natureza do tempo?

A intuição sobre a natureza *interna* mais que *externa* do tempo reaparece inúmeras vezes na reflexão filosófica ocidental. Kant discute a natureza do espaço e do tempo na *Crítica da razão pura*, e interpreta tanto o espaço quanto o tempo como formas a priori do conhecimento, ou seja, algo que não diz respeito tanto ao mundo objetivo, apenas, mas à forma de apreendê-lo por parte do sujeito. Ele observa também que, enquanto o espaço é forma no sentido *externo*, ou seja, é a maneira de pôr ordem nas coisas que vemos no mundo *fora* de nós, o tempo é forma no sentido *interno*, ou seja, o nosso modo de ordenar estados *internos*, dentro de nós. Mais uma vez: a base da estrutura temporal do mundo é buscada em algo que está estritamente ligado ao funcionamento do pensamento. A observação continua pertinente mesmo sem a necessidade de ficarmos enredados no transcendentalismo kantiano.

Husserl evoca Agostinho ao descrever primeiro a formação da experiência no sentido de "retenção", usando, como Agostinho, a metáfora da escuta de uma melodia[8] (nesse meio-tempo o mundo se aburguesara e dos hinos se passara às melodias): no momento em que ouvimos uma nota, a nota precedente é "retida", depois é retida a retenção, e assim por diante, esfumando-se e levando o presente a conter vestígios cada vez mais desfocados do passado.[9] De acordo com Husserl, essa retenção é o que faz os fenômenos "constituírem o tempo". O diagrama ao lado é seu: o eixo horizontal de A a E representa o tempo que passa, o vertical de E a A'

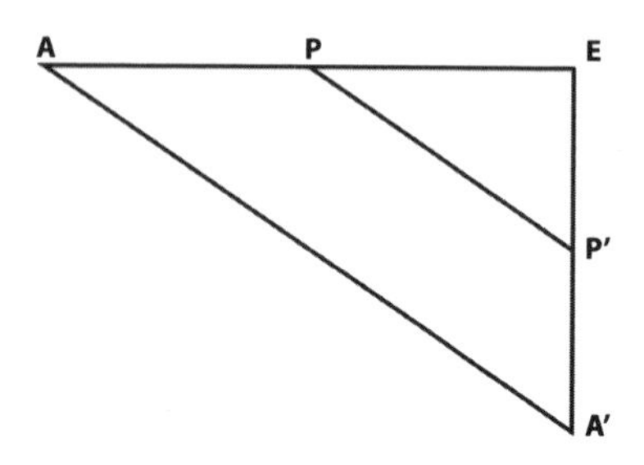

representa a "retenção" no momento E, em que o progressivo "desmoronamento" leva A para A'. Os fenômenos constituem o tempo porque no momento E existem P' e A'. O interessante é que a fonte da fenomenologia do tempo não é identificada por Husserl na hipotética sucessão objetiva dos fenômenos (a linha horizontal), mas sim na memória (e também na antecipação, que Husserl chama de "protensão"), ou seja, na linha vertical do diagrama. O ponto que destaco aqui é que isso continua a valer (numa filosofia naturalista) também num mundo físico onde não exista um tempo físico organizado globalmente ao longo de uma linha, mas apenas vestígios gerados pela variação da entropia.

Na esteira de Husserl, Heidegger — à medida que minha simpatia pela língua clara e transparente de Galileu me permita decifrar a deliberada obscuridade de sua linguagem — escreve que "o tempo se temporaliza apenas na medida em que existem seres humanos".[10] Segundo ele, o tempo também é o tempo do homem, o tempo para fazer, para aquilo que o homem administra. Embora depois Heidegger — interessado apenas no que o ser significa para o homem (para "o ente que se questiona o problema do ser") —[11] acabe identificando a consciência interna do tempo como o próprio horizonte do ser.

Essas intuições sobre o quanto o tempo é inerente ao sujeito são significativas também no âmbito de um naturalismo positivo, que vê o sujeito como parte da natureza e não tem medo de falar da "realidade" nem de estudá-la, mesmo consciente de que o que chega ao conhecimento e à intuição é filtrado radicalmente pelo modo como funciona o instrumento limitado que é a mente — parte daquela realidade —, e portanto depende da interação entre um mundo externo e as estruturas com que a mente funciona.

Mas a mente é o funcionamento do cérebro. Aquele (pouco) que começamos a compreender desse funcionamento é que o cérebro inteiro funciona a partir de um conjunto de *vestígios* do passado, deixados nas sinapses que conectam os neurônios. Sinapses se formam aos milhares o tempo todo e depois se anulam – sobretudo durante o sono –, deixando uma imagem desfocada do passado: daquilo que no passado influiu sobre o sistema nervoso. Imagem desfocada, sem dúvida – pensem nos milhões de detalhes que nossos olhos veem a cada instante, que não ficam gravados na memória –, mas capaz de encerrar mundos.

Mundos sem fim.

São aqueles mundos que o jovem Marcel encontra confuso todas as manhãs na vertigem do momento em que a consciência desperta como uma bolha de profundezas insondáveis, nas páginas iniciais da *Em busca do tempo perdido*.[12] Aquele mundo do qual depois se revelam para Marcel vastos territórios quando o sabor da madeleine lhe evoca o perfume de Combray. Um mundo imenso, do qual Proust traça lentamente um mapa que se desenvolve ao longo das 3 mil páginas do seu grande romance. Um romance, observem, que não é um relato de eventos do mundo: é um relato daquilo que existe apenas no interior de uma única memória. Do sabor da madeleine até a última palavra ("tempo") de *O tempo redescoberto*, o livro é apenas um desordenado e detalhado passeio entre as sinapses do cérebro de Marcel.

Dentro dele, naqueles poucos centímetros cúbicos de massa cinzenta, Proust encontra um espaço ilimitado, uma infinidade inacreditável de detalhes, perfumes, considerações, sensações, reflexões, reelaborações, cores, objetos, nomes, olhares, emoções... Tudo dentro das dobras do cérebro entre as duas orelhas de Marcel. Esse é o fluxo do tempo que experimentamos: é ali dentro que está aninhado, dentro de nós, na presença tão crucial dos vestígios do passado em nossos neurônios.

Proust é explícito: "A realidade se forma apenas na memória", escreve no primeiro livro.[13] E a memória, por sua vez, é uma coleção de vestígios, um produto indireto da desorganização do mundo, da pequena equação escrita páginas atrás, $\Delta S \geq 0$, que nos diz que o estado do mundo estava numa configuração "particular" no passado, e por isso deixa vestígios. E talvez "particular" apenas em relação a raros subsistemas — entre os quais nós.

Somos histórias, contidas naqueles vinte centímetros complexos atrás de nossos olhos, linhas desenhadas por vestígios deixados pela mistura das coisas do mundo, e orientadas a prever acontecimentos no futuro, em direção à entropia crescente, num canto um pouco particular deste imenso e desordenado universo.

Este espaço, a memória, junto com nosso contínuo exercício de antecipação, é a fonte do nosso sentir o tempo como tempo, e a nós mesmos como nós mesmos.[14] Pense nisto: a introspecção pode facilmente imaginar que existe sem que exista o espaço ou a matéria, mas será que consegue se imaginar fora do tempo?[15]

É em relação ao sistema físico a que pertencemos — pela maneira peculiar com que interage com o resto do mundo, graças ao fato de que permite os vestígios e porque nós, como entidades físicas, somos em primeiro lugar memória e antecipação — que se abre para nós a perspectiva do tempo, como nossa pequena clareira iluminada:[16] o tempo que nos proporciona o acesso parcial ao mundo.[17] Assim, o tempo é a forma como nós, seres cujo cérebro é feito essencialmente de memória e previsão, interagimos com o mundo, é a fonte da nossa identidade.[18]

E do nosso sofrimento.

Buda resumiu isso em poucos ensinamentos, que milhões de homens assumiram como fundamento da própria vida: o nascimento é sofrimento, a decadência é sofrimento, a doença é sofrimento, a morte é sofrimento, a união com aquilo que odiamos é sofrimento, a separação daquilo que amamos é sofrimento, não obter o que desejamos é sofrimento.[19] É sofrimento porque depois perdemos o que temos e aquilo a que nos apegamos. Porque tudo o que começa termina. O que sofremos não está nem no passado nem no futuro: está aqui, agora, em nossa memória, em nossas antecipações. Ansiamos pela atemporalidade, sofremos a passagem; sofremos o tempo. O tempo é o sofrimento.

Isso é o tempo, e por isso nos fascina e nos inquieta, e talvez também por isso você esteja lendo este livro. Porque não é nada além de uma estrutura instável do mundo, uma flutuação efêmera no acontecer do mundo, aquilo que tem a característica de dar origem ao que somos: seres feitos de tempo. Que nos faz existir, que nos dá o presente precioso da existência, que nos permite criar a ilusão fugaz de permanência que é a origem de todos os sofrimentos.

A música de Strauss e as palavras de Hofmannsthal o cantam com pungente leveza:[20]

> Lembro uma menina...
> Como pode...
> outrora fui a pequena Resi,
> e um dia me tornarei uma velha?
> ... Se Deus quer que seja assim, por que me permite
> vê-lo? Por que não o esconde de mim?
> É todo um mistério, um mistério tão profundo...
> Sinto a fragilidade das coisas no tempo.
> Dentro do meu coração, sinto que não deveríamos nos agarrar a nada.
> Tudo escorrega por entre os dedos.
> Tudo o que tentamos pegar se dissolve.
> Tudo desaparece como névoa e sonhos...
> O tempo é uma coisa estranha.

Quando não precisamos dele, não é nada.
Depois, de repente, não existe outra coisa além dele.
Rodeia-nos por todos os lados. Está também dentro de nós.
Insinua-se através da nossa face.
Insinua-se no espelho, escorre pelas minhas têmporas...
E entre você e mim escorre em silêncio, como uma ampulheta.
Oh, Quinquin,
Às vezes o sinto fluir inexoravelmente.
Às vezes me levanto no meio da noite
e faço parar todos os relógios...

13. As fontes do tempo

Talvez Deus nos reserve muitas estações
ainda,
ou talvez a última seja este
inverno
que agora as ondas do Tirreno
leva a bater contra
os escolhos de corroídas pedras-pomes:
sê sábia. Bebe o vinho
e encerra neste breve círculo
tua longa esperança
(I, 11)

Partimos da imagem do tempo que nos é familiar: algo que flui uniforme e igual em todo o universo, no decorrer do qual acontecem todas as coisas. Existe em todo o cosmos um presente, um "agora", que é a realidade. O passado é fixo, dado, o mesmo para todos. O futuro, aberto, ainda indeterminado. A realidade flui do passado em direção ao futuro através do presente, e a evolução das coisas é intrinsecamente assimétrica entre passado e futuro. Pensávamos que essa era a estrutura básica do mundo.

Esse quadro familiar desmoronou, revelou-se apenas uma aproximação de uma aproximação de uma realidade mais complexa.

O presente comum a todo o universo não existe (capítulo 3). Os acontecimentos não são todos ordenados em passados, presentes e futuros: são apenas "parcialmente" ordenados. Existe um presente próximo de nós, mas não algo de "presente" numa galáxia distante. O presente é uma noção local, não global.

A diferença entre passado e futuro não está nas equações elementares que governam os eventos do mundo (capítulo 2). Provém apenas do fato de que no passado o mundo esteve num estado que parece especial para o nosso olhar desfocado.

Localmente, o tempo flui em velocidades diferentes dependendo de onde estamos e a que velocidade nos movemos. Quanto mais próximos estamos de uma massa (capítulo 1), ou nos movemos velozmente (capítulo 3), mais o tempo desacelera: não existe uma duração única entre dois eventos, há muitas durações possíveis.

Os ritmos em que o tempo flui são determinados pelo campo gravitacional, que é uma entidade real e tem uma dinâmica própria, descrita pelas equações de Einstein. Se deixamos de lado os efeitos quânticos, tempo e espaço são aspectos de uma grande gelatina móvel na qual estamos imersos (capítulo 4).

Mas o mundo é quântico, e a gelatina de espaço-tempo também é uma aproximação. Na gramática elementar do mundo não existem nem espaço nem tempo: apenas processos que transformam quantidades físicas umas nas outras, cujas probabilidades e relações podemos calcular (capítulo 5).

No nível mais fundamental que conhecemos hoje, portanto, existe pouco que se assemelhe ao tempo da nossa experiência.

Não existe variável "tempo" especial, não existe diferença entre passado e futuro, não existe espaço-tempo (Segunda Parte). Ainda assim, sabemos escrever equações que descrevem o mundo. Nessas equações, as variáveis evoluem uma em relação à outra (capítulo 8). Não é um mundo "estático", nem um "universo em bloco" onde a mudança é ilusória (capítulo 7); ao contrário, é um mundo de eventos e não de coisas (capítulo 6).

Essa foi a viagem de ida, para um universo sem tempo.

A viagem de volta foi o esforço de compreender como pode surgir (capítulo 9) a nossa sensação do tempo a partir deste mundo sem tempo. A surpresa foi que nós mesmos desempenhamos um papel no surgimento dos aspectos familiares do tempo. Da *nossa* perspectiva, a perspectiva de criaturas que são uma pequena parte do mundo, vemos o mundo fluir no tempo. Nossa interação com o mundo é parcial, por isso o vemos desfocado. A esse desfocamento se acrescenta a indeterminação quântica. A ignorância daí decorrente determina a existência de uma variável particular, o tempo térmico (capítulo 9), e de uma entropia que quantifica a nossa incerteza.

Talvez pertençamos a um subconjunto particular do mundo que interage com o restante de tal maneira que essa entropia seja baixa numa direção ao tempo térmico. Assim, a orientação do tempo é real, mas perspéctica (capítulo 10): a entropia do mundo *em relação a nós* aumenta com o nosso tempo térmico. Vemos um acontecer de coisas ordenado nesta variável, que chamamos simplesmente de "tempo"; e o aumento da entropia distingue, para nós, o passado do futuro e conduz o desenvolvimento do cosmos. Determina a existência de vestígios, restos e memórias do passado (capítulo 11). Nós, criaturas humanas, somos um efeito dessa longa história do aumento da entropia, unidos pela memória criada por esses vestígios. Cada um de nós é unitário porque reflete o mundo, porque constrói para si uma imagem de entidades unitárias ao interagir com seus semelhantes, e porque é uma perspectiva sobre o mundo unificada pela memória (capítulo 12). Daí nasce aquilo que chamamos de o "fluxo" do tempo. O que ouvimos quando ouvimos o passar do tempo.

A variável "tempo" é uma das tantas variáveis que descrevem o mundo. É uma das variáveis do campo gravitacional (capítulo 4): em nossa escala, não nos damos conta de suas flutuações quânticas (capítulo 5), portanto podemos pensá-lo como determinado: o molusco einsteiniano; em nossa escala, os batimentos do molusco são pequenos, podemos negligenciá-los. Assim, é possível pensá-lo como uma mesa rígida. Essa mesa tem direções, que chamamos de espaço, e a direção ao longo da qual a entropia aumenta, que chamamos de tempo. Na vida cotidiana, movimentamo-nos a velocidades pequenas em relação à velocidade da luz e, portanto, não vemos as discrepâncias entre os tempos próprios distintos de relógios distintos, e as diferenças de velocidade em que o tempo flui a distâncias diferentes de uma massa são pequenas demais para ser percebidas.

No final, portanto, em vez de muitos tempos possíveis, podemos falar de um único tempo: o tempo da nossa experiência, uniforme, universal e ordenado. Ele é a aproximação de uma aproximação de uma aproximação de uma descrição do mundo a partir da perspectiva particular que nós, seres alimentados pelo crescimento da entropia e ancorados no passar do tempo, temos. Nós, para quem, como diz Qohelet,[1] há um tempo para nascer e um tempo para morrer.

Para nós o tempo é isto: um conceito estratificado, complexo, com múltiplas propriedades distintas, que provêm de diversas aproximações.

Muitas discussões sobre o conceito de tempo são confusas apenas por não reconhecerem o aspecto complexo e estratificado desse conceito; cometem o erro de não ver que os diversos estratos são independentes.

Essa é a estrutura física do tempo, como a entendo, depois de passar uma vida inteira debruçado sobre ela.

Muitas partes dessa história são sólidas, outras são plausíveis, outras são palpites na tentativa de compreender.

Inúmeros experimentos comprovam praticamente tudo que foi narrado na primeira parte do livro: a desaceleração com a altura e a velocidade, a não existência do presente, a relação entre tempo e campo gravitacional, o fato de que as relações entre os diversos tempos são dinâmicas, que as equações elementares desconhecem a direção do tempo, a relação entre entropia e direção do tempo, a relação entre entropia e desfocamento. Tudo isso está comprovado.[2]

O fato de o campo gravitacional ter propriedades quânticas é bem aceito, embora por enquanto seja sustentada apenas por argumentos teóricos e não por evidências experimentais.

É plausível a ausência da variável tempo nas equações fundamentais, que discuti na segunda parte, mas há um debate acirrado sobre a forma dessas equações. A origem do tempo na não comutatividade quântica, o tempo térmico, e o fato de que o aumento da entropia que observamos depende da nossa interação com o universo são ideias que me fascinam, mas estão longe de ser confirmadas.

De qualquer maneira, o que é totalmente verossímil é o fato geral de que a estrutura temporal do mundo é diferente da imagem ingênua que fizemos dela. Essa imagem ingênua é adequada à vida cotidiana, mas não serve para compreender o mundo nos seus minúsculos meandros ou na sua imensidão. E é bem possível que tampouco seja suficiente para compreender nossa própria natureza. Porque o mistério do tempo se cruza com o mistério da nossa identidade, com o mistério da consciência.

O mistério do tempo nos inquieta desde sempre, mobiliza emoções profundas. Profundas a ponto de alimentar filosofias e religiões.

Creio, como sugere Hans Reichenbach em *La direzione del tempo* [A direção do tempo], um dos livros mais lúcidos sobre a natureza do tempo, que foi para fugir da inquietação provocada pelo tempo que Parmênides quis negar a realidade, Platão imaginou um mundo de ideias existentes fora do tempo e Hegel narrou o momento em que o Espírito supera a temporalidade e se vê como o todo; é para fugir dessa inquietação que imaginamos a existência da "eternidade", um estranho mundo fora do tempo que ansiamos que seja povoado por deuses, por um Deus ou por almas imortais.* Nossa atitude emotiva e profunda em relação ao tempo contribuiu para construir catedrais de filosofia mais do que fizeram a lógica e a razão. A atitude emotiva oposta, a adoração do tempo, a de Heráclito ou de Bergson, deu origem a outras tantas filosofias, que nem ao menos chegaram perto de compreender o que é o tempo.

* Há algo muito interessante no fato de que essa observação de Reichenbach, no texto fundamental da análise do tempo na filosofia analítica, pareça tão próxima das ideias de que parte a reflexão de Heidegger. O distanciamento subsequente é enorme: Reichenbach busca na física o que sabemos do tempo do mundo do qual fazemos parte, ao passo que Heidegger se interessa por aquilo que é o tempo para a experiência existencial dos seres humanos. A diferença entre as duas imagens do tempo resultantes daí é gritante. São necessariamente incompatíveis? Por que deveriam ser? Exploram dois problemas diferentes: de um lado, as efetivas estruturas temporais do mundo, que se revelam cada vez mais limitadas à medida que ampliamos o olhar, de outro o aspecto fundamental que a estrutura do tempo tem *para nós*, para o nosso concreto sentir-nos ("ser-estar") no mundo.

A física nos ajuda a penetrar camadas do mistério. Mostra como a estrutura temporal do mundo é diferente da nossa intuição. Ela nos dá a esperança de poder estudar a natureza do tempo sem a névoa causada por nossas emoções.

Mas ao ir em busca do tempo, cada vez mais distante de nós, talvez tenhamos acabado por encontrar algo de nós mesmos, como Copérnico que, pensando estudar os movimentos dos céus, acabou compreendendo como a Terra se movia sob os seus pés. No final, talvez a emoção do tempo não seja a cortina de névoa que nos impede de ver a natureza objetiva do tempo.

Talvez a emoção do tempo seja precisamente aquilo que o tempo é para nós.

Não creio que existam muito mais coisas a ser compreendidas. Podemos nos fazer mais perguntas, mas precisamos estar atentos para aquelas que não podem ser bem formuladas. Quando tivermos encontrado todas as características dizíveis do tempo, teremos encontrado o tempo. Podemos gesticular atrapalhados aludindo a um sentido imediato do tempo além do dizível ("Sim, mas por que 'passa'?"), mas creio que a essa altura estaremos apenas nos confundindo e ilegitimamente transformando nomes aproximativos em coisas. Quando não conseguimos formular um problema com precisão, muitas vezes não é porque o problema é complexo: é porque é um falso problema.

Conseguiremos compreender ainda melhor? Acredito que sim. Nossa compreensão da natureza aumentou de maneira vertiginosa ao longo dos séculos, e continuamos a aprender. Mas já conseguimos vislumbrar alguma coisa sobre o mistério do tempo. Podemos ver o mundo sem tempo e enxergar com os olhos da mente a estrutura profunda do mundo onde o tempo que conhecemos já não existe, como o louco na colina de Paul McCartney vê a Terra girando ao olhar o sol se pondo. E começamos a ver que o tempo somos nós. Somos este espaço, esta clareira aberta pelos vestígios da memória dentro das conexões dos nossos neurônios. Somos memória. Somos saudade. Somos anseio por um futuro que não virá. Este espaço aberto pela memória e pela antecipação é o tempo, que às vezes pode ser que nos angustie, mas que no final é um dom.

Um milagre precioso que o jogo infinito das combinações abriu para nós. Permitindo-nos ser. Já podemos sorrir. Podemos voltar a mergulhar serenamente no tempo, no nosso tempo que é finito, e desfrutar a intensidade clara de cada fugaz e precioso momento deste breve círculo.

A irmã do sono

O arco breve dos dias,
ó Séstio,
nos proíbe de alimentar
longas esperanças
(I, 4)

No terceiro livro do grande épico indiano, *O Mahabharata*, um Yaksa, espírito poderoso, pergunta a Yudhisthira, o mais idoso e sábio dos Pandava, qual é o maior mistério. A resposta ecoa pelos milênios: "Inúmeras pessoas morrem a cada dia, e mesmo assim as que permanecem vivem como se fossem imortais".[1]

Eu não gostaria de viver como se fosse imortal. Não tenho medo da morte. Tenho medo do sofrimento. Da velhice, embora agora menos, ao ver a velhice serena e bela de meu pai. Tenho medo da fraqueza, da falta de amor. Mas não tenho medo da morte. Não tinha medo quando era jovem, mas então pensava que era apenas porque parecia distante de mim. Mas agora, aos sessenta anos, o medo não chegou. Amo a vida, mas a vida também é cansaço, sofrimento, dor. Penso na morte como um merecido descanso. Bach a chama de irmã do sono, na maravilhosa cantata BWV 56. Uma irmã gentil que logo virá fechar meus olhos e acariciar-me a cabeça.

Jó morreu quando estava "saciado de dias". Belíssima expressão. Eu também gostaria de chegar a me sentir "saciado de dias" e encerrar com um sorriso este breve círculo que é a vida. Posso desfrutá-la ainda, sem dúvida; ainda quero ver a lua refletida no mar; quero mais beijos da mulher que amo, quero a presença dela que dá sentido a tudo; ainda quero mais tardes dos domingos de inverno, deitado no sofá de casa enchendo páginas de símbolos e fórmulas, sonhando desvendar outro pequeno segredo dos milhares que ainda nos envolvem... Gosto da perspectiva de ainda poder beber deste cálice de ouro; a vida que fervilha, terna e hostil, clara e incompreensível, inesperada... mas já bebi muito desse cálice doce e amargo, e se neste exato momento o anjo viesse me dizer: "Carlo, chegou a hora", não lhe pediria para me deixar terminar a frase. Sorriria para ele e o seguiria.

O medo da morte me parece um erro da evolução: muitos animais têm uma instintiva reação de terror e fuga quando um predador se aproxima. É uma reação saudável, porque lhes permite enfrentar perigos. Mas é um terror que dura um segundo, não algo que permanece. A própria seleção gerou esses grandes macacos sem pelos com lobos frontais hipertrofiados pela exagerada capacidade de prever o futuro. Prerrogativa que por certo é útil, mas que nos deixou diante da visão da morte inevitável; e esta despertou o instinto de terror e fuga dos predadores. Em suma, o medo da morte é uma acidental e tola interferência entre duas pressões evolutivas independentes, um produto de más conexões automáticas no cérebro, não algo que tenha utilidade ou sentido para nós. Tudo tem duração limitada. Também a espécie humana ("A Terra perdeu a sua juventude; que passou como um sonho feliz. Agora cada dia nos aproxima mais da destruição, da aridez", comenta Vyasa no *Mahabharata*).[2] Ter medo da passagem, ter medo da morte, é como ter medo da realidade, ter medo do sol: por quê?

Essa leitura é a racional. Mas o que nos motiva na vida não são argumentos racionais. A razão serve para esclarecer ideias, para descobrir erros. Mas a própria razão nos mostra que o que nos motiva está inscrito em nossa estrutura íntima de mamíferos, de caçadores, de seres sociais: a razão esclarece essas conexões, não as gera. Não somos antes de tudo seres racionais. Talvez possamos nos tornar racionais, mais ou menos, em segunda instância. Em primeira instância, somos levados pela sede de viver, pela fome, pela necessidade de amar, pelo instinto de encontrar nosso lugar em uma sociedade humana... A segunda instância nem sequer existe sem a primeira. A razão serve de árbitro entre os instintos, mas usa os próprios instintos como critérios primeiros de arbitragem. Dá nome às coisas e à sede, permite-nos contornar obstáculos, ver coisas ocultas. Permite-nos reconhecer estratégias ineficazes, crenças equivocadas, preconceitos, e eles não são poucos. Desenvolveu-se para nos ajudar a discernir se as pegadas que seguimos, pensando que nos conduzem aos antílopes a serem caçados, são pegadas erradas. Mas o que nos move não é a reflexão sobre a vida: é a vida.

Então o que nos impulsiona de verdade? É difícil dizer. Talvez não o saibamos de todo. Reconhecemos motivações em nós. Damos nomes a essas motivações. E elas são muitas. Acreditamos que compartilhamos algumas com muitos animais. Outras, apenas com os seres humanos. Outras, ainda, com grupos menores aos quais sentimos que pertencemos. Fome e sede, curiosidade, necessidade de companhia, desejo de amar, de se apaixonar, busca da felicidade, necessidade de conquistar uma posição no mundo, de ser valorizado, reconhecido, amado, fidelidade, honra, amor a Deus, sede de justiça, liberdade, desejo de conhecimento...

De onde vem tudo isso? De como somos feitos, daquilo que somos. Produtos de uma longa seleção, de estruturas químicas, biológicas, sociais e culturais que, em planos diferentes, interagiram por muito tempo, dando origem a esse curioso processo que somos nós. Do qual, ao refletir sobre nós mesmos, ao nos olhar no espelho, compreendemos apenas um pouco. Somos mais complexos do que nossas faculdades mentais são capazes de apreender. A hipertrofia dos lobos frontais é grande, permitiu-nos chegar à Lua, descobrir os buracos negros e reconhecer-nos primos das joaninhas; mas ainda é insuficiente para esclarecer o que nós somos.

O próprio significado de "compreender" não é claro para nós. Vemos o mundo e o descrevemos, lhe atribuímos uma ordem. Pouco sabemos da relação completa entre o que vemos do mundo e o mundo. Sabemos que nosso olhar é míope. Do vasto espectro eletromagnético emitido pelas coisas, vemos apenas uma pequena fresta. Não vemos a estrutura atômica da matéria, nem o curvamento do espaço. Vemos um mundo coerente extraído da nossa interação com o universo, organizado da forma que nosso cérebro terrivelmente estúpido é capaz de manipular. Pensamos o mundo a partir de pedras, montanhas, nuvens e pessoas, esse é o "mundo para nós". Conhecemos muito o mundo que independe de nós, mas não sabemos quanto é esse muito.

Mas o nosso pensamento não é apenas presa da própria fraqueza, ele também é ainda mais da própria gramática. Bastam alguns séculos para que o mundo mude: de diabinhos, anjos e bruxas passa a ser povoado por átomos e ondas eletromagnéticas. Bastam alguns gramas de cogumelos, para que toda a realidade se dilua diante dos nossos olhos e se reorganize numa forma surpreendentemente diferente. Basta passar algumas semanas tentando se comunicar com uma amiga que tenha tido um episódio de esquizoide sério, para se dar conta de que o delírio é um grande equipamento de teatro capaz de organizar o mundo, e que é difícil encontrar argumentos para distingui-lo dos grandes delírios coletivos que são o fundamento da nossa vida social e espiritual e da nossa compreensão do mundo. Exceto, talvez, pela solidão e pela fragilidade de quem se afasta da ordem comum...[3] A visão da realidade é o delírio coletivo que organizamos, evoluiu e se mostrou bastante eficaz para nos trazer ao menos até aqui. Os instrumentos que encontramos para geri-lo e preservá-lo foram muitos, e a razão se mostrou um dos melhores. É preciosa.

Mas é um instrumento, uma ferramenta. Que usamos para manusear uma matéria feita de fogo e gelo; de algo que percebemos como emoções vivas e ardentes, que são a essência de nós mesmos. Elas nos levam, nos arrastam, e nós as revestimos de belas palavras. Elas nos fazem agir. E alguma coisa delas sempre escapa à ordem dos nossos discursos, porque sabemos que no fundo toda tentativa de organizar sempre deixa algo de fora.

E acredito que a vida, esta breve vida, é apenas isto: o grito contínuo dessas emoções, que nos arrasta, que às vezes tentamos calar em nome de um Deus, de uma fé política, de um rito que nos garanta que no fim tudo estará em ordem, num grande, enorme, amor, e o grito é belo e resplandecente. Às vezes é sofrimento. Às vezes é canto.

E o canto, como observou Agostinho, é a consciência do tempo. É o tempo. É o hino dos Vedas que é, ele mesmo, o desabrochar do tempo.[4] No Benedictus da *Missa Solemnis* de Beethoven, o canto do violino é pura beleza, puro desespero, pura felicidade.

Ficamos presos a ele, segurando o fôlego, sentindo misteriosamente que esta é a fonte do sentido. Esta é a fonte do tempo.

Depois o canto se atenua, se aplaca. "Rompe-se o cordão de prata, se despedaça o candeeiro de ouro, o cântaro quebra na fonte, e a roldana cai no poço, o pó retorna para a terra."[5] E tudo bem ser assim. Podemos fechar os olhos, descansar. E tudo isso me parece doce e belo. Isso é o tempo.

Notas

TALVEZ O MAIOR MISTÉRIO SEJA O TEMPO [pp. 11-4]

1. Aristóteles, *Metafísica*, v. I, 2, 982 b.

2. A estratificação da noção de tempo é discutida a fundo por exemplo por J. T. Fraser em *Of Time, Passion, and Knowledge* (Nova York: Braziller, 1975).

3. O filósofo Mauro Dorato insistiu na necessidade de tornar o quadro conceitual elementar da física explicitamente coerente com a nossa experiência (*Che cos'è il tempo?* Roma: Carocci, 2013).

1. A PERDA DA UNICIDADE [pp. 17-23]

1. Esta é a essência da teoria da relatividade geral (Albert Einstein, "Die Grundlage der allgemeinen Relativitätstheorie". In: ______. *Annalen der Physik*, v. 49, 1916. pp. 769-822).

2. Na aproximação de campo fraco, a métrica pode ser escrita $ds^2 = [1 + 2\phi(x)]dt^2 - dx^2$, onde $\phi(x)$ é o potencial de Newton. A gravidade newtoniana é decorrente apenas da modificação do componente temporal da métrica, g_{00}, ou seja, da desaceleração local do tempo. As geodésicas dessa métrica descre-

vem a queda dos corpos: curvam-se para o potencial mais baixo, onde o tempo desacelera. (Esta nota e outras similares destinam-se a quem está familiarizado com a física teórica.)

3. "But the fool on the hill/ sees the sun going down,/ and the eyes in his head/ see the world spinning' round..."

4. Carlo Rovelli, *Che cos'è la scienza. La rivoluzione di Anassimandro*. Milão: Mondadori, 2011.

5. Por exemplo: $t_{mesa} - t_{no\ chão} = 2gh/c^2 t_{no\ chão}$, onde c é a velocidade da luz, $g = 9{,}8\ m/s^2$ é a aceleração de Galileu e h é a altura da mesa.

6. Podem ser escritas também com uma única variável t, a "coordenada temporal", mas ela não indica o tempo medido por um relógio (determinado por ds e não por dt) e pode-se mudá-la arbitrariamente sem mudar o mundo descrito. Esse t não representa uma quantidade física. O que os relógios medem é o tempo próprio ao longo de uma linha do universo γ, dado por $t_\gamma = \int_\gamma (g_{ab}(x)\, dx^a dx^b)^{1/2}$. A relação física entre essa quantidade e $g_{ab}(x)$ é discutida mais adiante.

2. A PERDA DA DIREÇÃO [pp. 24-36]

1. Rainer Maria Rilke; *Duineser Elegien*, em *Sämtilche Werke*. Frankfurt: Insel, 1955. v. I: I, pp. 83-5.

2. A Revolução Francesa é um momento extraordinário de vitalidade científica, no qual surgem as bases da química, da biologia, da mecânica analítica e de muitas outras disciplinas. A revolução social caminhou lado a lado com a revolução científica. O primeiro prefeito revolucionário de Paris era um astrônomo; Lazare Carnot, um matemático; Marat se considerava antes de tudo um físico. Lavoisier foi atuante em política. Lagrange foi respeitado pelos mais diversos governos que se sucederam naquele tormentoso e esplêndido momento da humanidade. Cf. Steve Jones, *Revolutionary Science: Transformation and Turmoil in the Age of the Guillotine* (Nova York: Pegasus, 2017).

3. Mudando quando oportuno: por exemplo, o sinal do campo magnético nas equações de Maxwell, carga e paridade das partículas elementares etc. É a invariância por CPT (Conjugação de carga, Paridade e inversão Temporal) que é relevante.

4. As equações de Newton determinam como as coisas *aceleram*, e a aceleração não muda quando projeto um filme de trás para a frente. A aceleração de uma pedra lançada do alto é a mesma de uma pedra que cai. Quando imagino os anos passando para trás, a Lua gira ao redor da Terra em sentido oposto, mas parece igualmente atraída pela Terra.

5. A conclusão não muda acrescentando-se a gravidade quântica. Sobre os esforços para encontrar a origem da direção do tempo, ver, por exemplo, H. Dieter Zeh, *Die Physik der Zeitrichtung* (Berlim: Springer, 1984).

6. Rudolf Clausius, "Über verschiedene für die Anwendung bequeme Formen der Hauptgleichungen der mechanischen Wärmetheorie". In: _____. *Annalen der Physik*, v. 125, 1865. pp. 353-400, aqui p. 390.

7. Em especial, como quantidade de calor que sai do corpo *dividida pela temperatura*. Quando o calor sai de um corpo quente e entra num corpo frio, a entropia total aumenta porque a diferença de temperatura faz a entropia resultante do calor que sai do corpo ser menor que a resultante do calor que entra. Quando todos os corpos atingem a mesma temperatura, a entropia alcançou o seu máximo: chegamos ao equilíbrio.

8. Arnold Sommerfeld.

9. Hans Christian Ørsted.

10. A definição de entropia exige um *coarse graining*, ou seja, a distinção entre microestados e macroestados. A entropia de um macroestado é determinada pelo número de microestados correspondentes. Em termodinâmica clássica, o *coarse graining* é definido no momento em que se decide tratar algumas variáveis do sistema como "manipuláveis" ou "mensuráveis" de fora (por exemplo volume ou pressão de um gás). Um macroestado é determinado fixando essas variáveis *macroscópicas*.

11. Ou seja, de maneira determinista se não se leva em conta a mecânica quântica, e de maneira probabilista se, ao contrário, a mecânica quântica é considerada. Em ambos os casos, tanto para o futuro quanto para o passado.

12. Alguns detalhes adicionais acerca deste ponto encontram-se no capítulo 11.

13. S = *k log* W. S é a entropia, *W*, o número de estados microscópicos, ou o volume correspondente no espaço das fases, e *k* é apenas uma constante, hoje chamada constante de Boltzmann, que corrige as dimensões (arbitrárias).

3. O FIM DO PRESENTE [pp. 37-51]

1. Relatividade geral (Albert Einstein, *Die Grundlage der allgemeinen Relativitätstheorie*).

2. Relatividade especial ou restrita (Albert Einstein, "Zur Elektrodynamik bewegter Körper". In: ______. *Annalen der Physik*, v. 17, 1905. pp. 891-921).

3. J. C. Hafele; Richard E. Keating, "Around-the-World Atomic Clocks: Observed Relativistic Time Gains". *Science*, n. 177, 1972. pp. 168-70.

4. Que depende tanto de *t* como da sua velocidade e posição.

5. Poincaré. Lorentz tentou dar uma interpretação física para *t'*, mas de modo um tanto indesejado.

6. Einstein muitas vezes afirmou que os experimentos de Michelson e Morrison não foram importantes para lhe permitir chegar à relatividade especial. Creio que é verdade, e que isso reflete um ponto importante para a filosofia da ciência. Nem sempre são necessários *novos* dados experimentais para avançar na compreensão do mundo. Copérnico não tinha mais dados observativos que Ptolomeu; soube ler o heliocentrismo no interior dos detalhes dos dados de Ptolomeu, interpretando-os melhor, como Einstein fez com Maxwell.

7. "Em movimento" em relação a quê? Como podemos determinar qual dos dois objetos se move, se o movimento é apenas relativo? Este é um ponto que confunde muitas pessoas. A resposta correta (dada raramente) é: em

movimento em relação à *única* referência em que o ponto espacial em que os dois relógios se separam é o mesmo ponto espacial onde se reencontram. Há uma única linha reta entre dois eventos A e B no espaço-tempo: é aquela ao longo da qual o tempo é máximo, e a velocidade *em relação a essa linha* é aquela que desacelera o tempo, no seguinte sentido. Se os dois relógios se separam e não se reencontram mais, não tem sentido se perguntar qual está adiantado e qual está atrasado. Se se reencontram, podem ser comparados, e a velocidade de cada um deles se torna uma noção bem definida.

8. Se vejo ao telescópio minha irmã comemorando o vigésimo aniversário e lhe envio uma mensagem por rádio que ela só receberá no seu 28º aniversário, posso dizer que *agora* é o seu 24º aniversário: metade entre quando a luz partiu de lá (20) e quando depois ela retorna (28). É uma bela ideia (não é minha: é a definição de "simultaneidade" de Einstein). Mas não define um tempo comum. Se *Proxima b* está se afastando, e minha irmã usa a mesma lógica para calcular o momento simultâneo ao seu 24º aniversário, *não* obtém o momento presente aqui. Em outras palavras, com essa maneira de definir a simultaneidade, se para mim um momento A da vida dela é simultâneo a um momento B da minha, o contrário não é verdadeiro: para ela, A e B não são simultâneos. Nossas velocidades diferentes definem diferentes superfícies de simultaneidade. Portanto, nem sequer assim temos uma noção comum de "presente".

9. O conjunto dos eventos que estão à distância de tipo espaço daqui.

10. Um dos primeiros a se dar conta disso foi Kurt Gödel ("An Example of a New Type of Cosmological Solutions of Einstein's Field Equations of Gravitation". *Reviews of Modern Physics*, v. 21, 1949. pp. 447-50). Para usar suas palavras: "A noção de 'agora' não é mais que determinada relação de determinado observador com o resto do universo".

11. Transitiva.

12. Até a existência de uma relação de ordem parcial pode ser uma estrutura muito forte em relação à realidade, quando existem curvas temporais fechadas. A esse respeito, ver, por exemplo, M. Lachièze-Rey, *Voyager dans le temps. La Physique moderne et la temporalité* (Paris: Éditions du Seuil, 2013).

13. O fato de não haver nada de logicamente impossível nas viagens para o passado é mostrado com clareza num simpático artigo de um dos grandes filósofos do século passado: David Lewis ("The Paradoxes of Time Travel". *American Philosophical Quarterly*, n. 13, 1976. pp. 145-52; reimp. em *The Philosophy of Time*. Org. de Robin Le Poidevin e Murray MacBeath. Oxford: Oxford University Press, 1993).

14. Esta é a representação da estrutura causal de uma métrica de Schwarzschild em coordenadas de Finkelstein.

15. Entre as vozes discordantes estão dois grandes cientistas pelos quais tenho especial amizade, afeto e estima: Lee Smolin (*Time Reborn*. Boston: Houghton Mifflin Harcourt, 2013) e George Ellis (*On the Flow of Time*. [S. l.]: FQXi Essay, 2008. Disponível em: <https://arxiv.org/abs/0812.0240>. Acesso em: 15 jan. 2018; "The Evolving Block Universe and the Meshing Together of Times". *Annals of the New York Academy of Sciences*. n. 1326, 2014. pp. 26-41; *How Can Physics Underlie the Mind?*. Berlim: Springer, 2016). Ambos insistem que deve existir um tempo privilegiado e um presente real, ainda que estes não sejam apreendidos pela física atual. A ciência é como as afeições: as pessoas mais queridas são aquelas com as quais discutimos mais acaloradamente. Uma articulada defesa do aspecto fundamental da realidade do tempo encontra-se em Roberto Mangabeira Unger e Lee Smolin, *The Singular Universe and the Reality of Time* (Cambridge: Cambridge University Press, 2015). Outro amigo querido que defende a ideia do fluxo real de um tempo único é Samy Maroun; com ele explorei a possibilidade de reescrever a física relativística distinguindo o tempo que guia o ritmo dos processos (o tempo "metabólico") de um "verdadeiro" tempo universal (Samy Maroun; Carlo Rovelli, *Universal Time and Spacetime "Metabolism"*. 2015. Disponível em: <http://smc-quantum-physics.com/pdf/version3English.pdf>. Acesso em: 15 jan. 2018.). Isso é possível, portanto, o ponto de vista de Smolin, Ellis e Maroun é defensável. Mas é produtivo? Trata-se da alternativa entre forçar a descrição do mundo para que se adeque às nossas intuições, ou aprender

a adaptar as nossas intuições ao que descobrimos do mundo. Tenho poucas dúvidas de que a segunda estratégia é a produtiva.

4. A PERDA DA INDEPENDÊNCIA [pp. 52-67]

1. R. A. Sewell et al., "Acute Effects of THC on Time Perception in Frequent and Infrequent *Cannabis* Users". *Psychopharmacology*, n. 226, 2013. pp. 401-13; a experiência direta é fantástica.

2. Valtteri Arstila. "Time Slows Down during Accidents". *Frontiers in Psychology*, 3, n. 196, 2012.

3. Nas nossas culturas. Há outras com um sentido do tempo profundamente diferente do nosso: Daniel L. Everett, *Don't Sleep, There Are Snakes* (Nova York: Pantheon, 2008).

4. *Mt* 20, *1-16*.

5. Peter Galison, *Einstein's Clocks, Poincaré's Maps*. Nova York: Norton, 2003. p. 126.

6. Um belo panorama histórico sobre a forma como a tecnologia progressivamente modificou nosso conceito de tempo encontra-se em Adam Frank, *About Time* (Nova York: Free Press, 2011).

7. Diego A. Golombek; Ivana L. Bussi; Patricia V. Agostino, "Minutes, Days and Years: Molecular Interactions among Different Scales of Biological Timing". *Philosophical Transactions of the Royal Society. Series B: Biological Sciences*. [S. l.], n. 369, 2014.

8. O tempo é ἀριθμός κινήσεως κατὰ τὸ πρότερον και ὕστερον: "número de mudança, em relação ao antes e ao depois" (Aristóteles, *Física*, v. IV, 219 b 2; ver também 232 b 22-23).

9. Aristóteles, *Física*, v. IV, 219 a 4-6.

10. Isaac Newton, *Philosophiae Naturalis Principia Mathematica*, livro I, def. VIII, scholium.

11. Ibid.

12. Uma introdução à filosofia do espaço e do tempo encontra-se em Bas C. van Fraassen, *An Introduction to the Philosophy of Time and Space* (Nova York: Random House, 1970).

13. A equação fundamental de Newton é $F = md^2x/dt^2$. (Observe-se que o tempo t é ao quadrado: por isso a equação não distingue t de $-t$, ou seja, é a mesma para a frente e para trás no tempo, como narrado no capítulo 2.)

14. Muitos manuais de história da ciência hoje curiosamente apresentam a discussão entre Leibniz e os newtonianos como se Leibniz fosse o heterodoxo com audaciosas e inovadoras ideias racionalistas. Na verdade é o contrário: Leibniz defendia (com uma nova riqueza de argumentos) a compreensão tradicional dominante do espaço que, de Aristóteles a Descartes, sempre fora relacionalista.

15. A definição de Aristóteles é mais precisa: o lugar de uma coisa é a *borda interna* daquilo que cerca a coisa. Definição boa e rigorosa.

5. QUANTA DE TEMPO [pp. 68-76]

1. Falo sobre isso de maneira aprofundada em *A realidade não é o que parece* (Rio de Janeiro: Objetiva, 2017).

2. Não é possível localizar um grau de liberdade numa região do seu espaço das fases com um volume menor que a constante de Planck.

3. Velocidade da luz, constante de Newton e constante de Planck.

4. Maimônides, *Guia dos perplexos*, I, 73, 106 a.

5. Podemos tentar inferir o pensamento de Demócrito a partir da discussão de Aristóteles (por exemplo, em *Física*, IV, 213 ss.), mas a evidência me parece insuficiente. Ver *Democrito. Raccolta dei frammenti, interpretazione e commentario di Salomon Luria* (Milão: Bompiani, 2007).

6. A menos que não seja verdadeira a teoria de DeBroglie-Bohm, caso em que a tem, mas esconde. O que talvez não seja assim tão diferente, afinal.

7. Grateful Dead, "Walk in the Sunshine". In: _____. *Ace*. [S. l.]: Warner Bros. Records, 1972. Faixa 3 (3 min 5s). Remasterizado em digital.

6. O MUNDO É FEITO DE EVENTOS, NÃO DE COISAS [pp. 79-85]

1. Nelson Goodman, *The Structure of Appearance* (Cambridge: Harvard University Press, 1951).

7. A INADEQUAÇÃO DA GRAMÁTICA [pp. 86-93]

1. Sobre as posições discordantes, ver a nota 15 do capítulo 3.

2. Na terminologia de um famoso artigo sobre o tempo de John McTaggart ("The Unreality of Time", *Mind*, N. S., v. 17, 1908. pp. 457-74; reimpresso em *The Philosophy of Time*), isso equivale a negar a realidade da série A (a organização do tempo em "passado-presente-futuro"). O significado das determinações temporais se reduziria, então, apenas à série B (a organização do tempo em "antes de–depois de"). Para McTaggart, isso implica negar a realidade do tempo. A meu ver, McTaggart é rígido demais: o fato de meu carro funcionar diferentemente do que eu tinha imaginado e de como eu o tinha definido na minha mente não significa que meu carro não seja real.

3. Carta de Albert Einstein ao filho e à irmã de Michelle Besso de 21 de março de 1955, em Albert Einstein e Michelle Besso, *Correspondance, 1903-1955* (Paris: Hermann, 1972).

4. O argumento clássico para o universo em bloco é dado pelo filósofo Hilary Putnam num famoso artigo de 1967 ("Time and Physical Geometry", *The Journal of Philosophy*, n. 64, pp. 240-7). Putnam usa a definição de simultaneidade de Einstein. Como vimos na nota 8 do capítulo 3, se a Terra e *Proxima b* se aproximam, um evento A na Terra é simultâneo (para um terrestre) a um evento B em *Proxima*, o qual, por sua vez, é simultâneo (para quem está em

Proxima) a um evento C na Terra, *que acontece no futuro de* A. Putnam assume que "ser simultâneo" implica "ser real agora" e deduz que os eventos futuros (como C) são reais agora. O erro é assumir que a definição de simultaneidade de Einstein tem valor ontológico, ao passo que é apenas uma definição por conveniência. Serve para identificar uma noção relativística que se reduza àquela não relativística numa aproximação. Mas a simultaneidade não relativística é uma noção reflexiva e transitiva, a de Einstein não, portanto não tem sentido assumir que as duas têm o mesmo significado ontológico fora da aproximação não relativística.

5. O argumento que defende que a descoberta física da impossibilidade do presentismo implica que o tempo é ilusório é desenvolvido por Gödel ("A Remark about the Relationship between Relativity Theory and Idealistic Philosophy". In: Paul Arthur Schilpp (Org.), *Albert Einstein: Philosopher-Scientist*. Evanston: The Library of Living Philosophers, 1949). O erro é sempre o de definir o tempo como um bloco conceitual único, que ou existe para tudo ou não existe para nada. O ponto é discutido com clareza por Mauro Dorato (*Che cos'è il tempo?*, p. 77).

6. Ver, por exemplo, Willard van Orman Quine, "On What There Is", *The Review of Metaphysics*, v. 2, 1948. pp. 21-38, e uma excelente discussão sobre o significado de realidade em John Langshaw Austin, *Sense and Sensibilia* (Oxford: Clarendon Press, 1962).

7. *De Hebd.*, II, 24, citado em Charles H. Kahn, *Anaximander and the Origins of Greek Cosmology*. Nova York: Columbia University Press, 1960. pp. 84-5.

8. Exemplos de argumentos importantes em que Einstein afirmou com veemência teses sobre as quais posteriormente mudou de ideia: 1. a expansão do universo (primeiro ridicularizada, depois aceita); 2. a existência de ondas gravitacionais (antes considerada óbvia, depois negada, e depois novamente aceita); 3. as equações da relatividade não admitem soluções sem matéria (tese defendida por muito tempo, depois abandonada; é errada); 4. não existe nada além do horizonte de Schwarzschild (errado, mas talvez jamais o soube); 5. as equações do campo gravitacional não podem ser covariantes gerais (afirmado

no trabalho com Grossmann de 1912; três anos depois, Einstein defende o contrário); 6. a importância da constante cosmológica (primeiro afirmada, depois negada, e ele tinha razão na primeira vez)...

8. DINÂMICA COMO RELAÇÕES [pp. 94-102]

1. A forma geral de uma teoria mecânica que descreve a evolução de um sistema *no tempo* é dada por um espaço das fases e uma hamiltoniana H. A evolução é descrita pelas órbitas geradas por H, parametrizadas pelo tempo *t*. A forma geral de uma teoria mecânica que descreve a evolução das variáveis *umas em relação às outras*, por sua vez, é dada por um espaço das fases e uma ligação C. As relações entre as variáveis são dadas pelas órbitas geradas por C no subespaço C = 0. A parametrização dessas órbitas não tem significado físico. Uma discussão técnica detalhada está no capítulo 3 de Carlo Rovelli, *Quantum Gravity* (Cambridge: Cambridge University Press, 2004). Para uma versão técnica compacta, ver Carlo Rovelli, "Forget Time", *Foundations of Physics*, n. 41 ([S. l.], 2011. pp. 1475-90. Disponível em: <https://arxiv.org/abs/0903.3832>. Acesso em: 15 jan. 2018).

2. Uma ilustração de divulgação das equações da gravidade quântica em loop encontra-se em Carlo Rovelli, *A realidade não é o que parece*.

3. Bryce S. DeWitt, "Quantum Theory of Gravity. I. The Canonical Theory", *Physical Review*, n. 160, [S. l.], 1967. pp. 1113-48.

4. John Archibald Wheeler, "Hermann Weyl and the Unity of Knowledge", *American Scientist*, v. 74, [S. l.], 1986. pp. 366-75.

5. Jeremy Butterfield e Chris J. Isham, "On the Emergence of Time in Quantum Gravity". In: Jeremy Butterfield (Org.), *The Arguments of Time*. Oxford: Oxford University Press, 1999. pp. 111-68. Disponível em: <http://philsci-archive.pitt.edu/1914/1/EmergTimeQG=9901024.pdf>. Acesso em: 15 jan. 2018. H.-D. Zeh, *Die Physik der Zeitrichtung*. Craig Callender e Nick Huggett (Orgs.), *Physics Meets Philosophy at the Planck Scale*. Cambridge:

Cambridge University Press, 2001. Sean Carroll, *From Eternity to Here*. Nova York: Dutton, 2010.

6. A forma geral de uma teoria quântica que descreve a evolução de um sistema *no tempo* é dada por um espaço de Hilbert e um operador hamiltoniano H. A evolução é descrita pela equação de Schrödinger $i\hbar\partial_t\psi = H\psi$. A probabilidade de medir um estado ψ num tempo *t* depois de um estado ψ' é determinada pela amplitude $\langle \psi \mid \exp[-iHt/\hbar] \mid \psi'$. A forma geral de uma teoria quântica que descreve a evolução das variáveis *umas em relação às outras* é dada por um espaço de Hilbert e uma equação de Wheeler-DeWitt $C\psi = 0$. A probabilidade de medir um estado ψ tendo medido um ψ' é determinada pela amplitude $\langle \psi \mid \int dtex\, p \left[\frac{iCt}{\hbar}\right] \mid \psi' \rangle$. Uma discussão técnica detalhada encontra-se no capítulo 5 de Carlo Rovelli, *Quantum Gravity*. Para uma versão técnica compacta, ver Carlo Rovelli, *Forget Time*.

7. Bryce S. DeWitt, *Sopra un raggio di luce*. Roma: Di Renzo, 2005.

8. São três: delimitam o espaço de Hilbert da teoria em que são definidos os operadores elementares, cujos autoestados descrevem os quanta de espaço e as probabilidades de transição entre eles.

9. O spin é a quantidade que enumera as representações do grupo SO(3), o grupo de simetria do espaço.

10. Esses temas são tratados detalhadamente em Carlo Rovelli, *A realidade não é o que parece*.

9. O TEMPO É IGNORÂNCIA [pp. 105-13]

1. Cf. Qo 3, 2-4.

2. Mais precisamente, a hamiltoniana H, ou seja, a energia como função das posições e velocidade.

3. $dA/dt = \{A,H\}$, onde $\{\ ,\ \}$ são os parênteses de Poisson e A é qualquer variável.

4. Ergódico.

5. As equações são mais legíveis no formalismo canônico de Boltzmann que no microcanônico a que faço referência no texto: o espaço $\rho = \exp[-H/kT]$ é determinado pela hamiltoniana H que gera a evolução no tempo.

6. $H = -kT \log[\rho]$ determina uma hamiltoniana (exceto uma constante multiplicativa) e, através dela, um tempo "térmico", a partir do estado ρ.

7. Roger Penrose, *The Emperor's New Mind*. Oxford: Oxford University Press, 1989; *The Road to Reality*. Londres: Cape, 2004.

8. Na linguagem convencional dos livros de mecânica quântica, diz-se "medida". Mais uma vez: o que é equivocado nessa linguagem é que fala dos laboratórios de física em vez de falar do mundo.

9. O teorema de Tomita-Takesaki mostra que um estado numa álgebra de Von Neumann define um fluxo (uma família a um parâmetro de automorfismos modulares). Connes mostrou que os fluxos definidos por estados diferentes são equivalentes, exceto nos automorfismos internos, e, portanto, definem um fluxo abstrato determinado *apenas* pela estrutura não comutativa da álgebra.

10. Os automorfismos internos da álgebra citados na nota anterior.

11. Numa álgebra de Von Neumann, o tempo térmico de um estado é exatamente o fluxo de Tomita! O estado é KMS em relação a esse fluxo.

12. Ver Carlo Rovelli, "Statistical Mechanics of Gravity and the Thermodynamical Origin of Time", *Classical and Quantum Gravity*. [S. l.], v. 10, 1993. pp. 1549-66; Alain Connes e Carlo Rovelli, "Von Neumann Algebra Automorphisms and Time-Thermodynamics Relation in General Covariant Quantum Theories", *Classical and Quantum Gravity*. [S. l.], v. 11, 1994. pp. 2899-918.

13. Alain Connes, Danye Chéreau e Jacques Dixmier, *Le Théâtre quantique*. Paris: Odile Jacob, 2013.

10. PERSPECTIVA [pp. 114-23]

1. Há muitos aspectos confusos dessa questão. Uma ótima e concisa crítica encontra-se em John Earman, "The 'Past Hypothesis': Not Even False", *Studies*

in *History and Philosophy of Modern Physics*. [S. l.], v. 37, 2006. pp. 399-430. No texto, "baixa entropia inicial" é entendido no sentido mais geral, e, como argumenta Earman nesse artigo, está bem longe de ser bem compreendido.

2. Friedrich Nietzsche, *La gaia scienza*. In: *Opere*, v. V/II. Milão: Adelphi, 1965. 2. ed. revista 1991, 354, p. 258.

3. Os detalhes técnicos encontram-se em Carlo Rovelli, "Is Time's Arrow Perspectival?" (2015). In: K. Chamcham, J. Silk, J. D. Barrow e S. Saunders (Orgs.), *The Philosophy of Cosmology* (Cambridge: Cambridge University Press, 2017). Disponível em: <https://arxiv.org/abs/1505.01125>. Acesso em: 15 jan. 2018.

4. Na formulação clássica da termodinâmica, descrevemos um sistema especificando primeiramente algumas variáveis sobre as quais assumimos poder atuar de fora (movimentando um pistão, por exemplo) ou que possamos medir (uma concentração relativa de componentes, por exemplo). Essas são as "variáveis termodinâmicas". A termodinâmica não é uma descrição do sistema propriamente dito; é a descrição do comportamento *dessas* variáveis do sistema; aquelas através das quais assumimos poder interagir com o sistema.

5. Por exemplo, a entropia do ar da minha sala tem um valor se considero o ar um gás homogêneo, mas muda (diminui) se meço sua composição química.

6. Uma filósofa contemporânea que esclareceu com profundidade esses aspectos perspécticos do mundo é Jenann T. Ismael em *The Situated Self* (Nova York: Oxford University Press, 2007). Ismael escreveu também um ótimo livro sobre o livre-arbítrio: *How Physics Makes Us Free* (Nova York: Oxford University Press, 2016).

7. David Z. Albert propõe em *Time and Chance* (Cambridge: Harvard University Press, 2000) que se eleve esse fato a lei natural, e a denomina de *past hypothesis*.

11. O QUE EMERGE DE UMA PECULIARIDADE [pp. 124-32]

1. Esta é outra fonte comum de confusão, porque uma nuvem condensada parece mais "ordenada" que uma nuvem dispersa. Não o é, porque as velocidades das moléculas de uma nuvem dispersa são todas ordenadamente pequenas, ao passo que, quando a nuvem é concentrada pela gravidade, as velocidades de suas moléculas são grandes. A nuvem se concentra no espaço físico, mas se dispersa no espaço das fases, que é o que conta.

2. Ver, em especial, Stuart A. Kauffman, *Humanity in a Creative Universe* (Nova York: Oxford University Press, 2016).

3. A importância da existência dessa estrutura ramificada das interações no universo para compreender o efeito local do aumento da entropia no universo foi discutida, por exemplo, por Hans Reichenbach em *The Direction of Time* (Berkeley: University of California Press, 1956). O texto de Reichenbach é fundamental para os que têm dúvida sobre esses temas ou querem aprofundá-los.

4. Sobre a relação precisa entre vestígios e entropia, ver Hans Reichenbach, *The Direction of Time*, em especial a discussão sobre a relação entre entropia, vestígios e *common cause*, e David Z. Albert, *Time and Chance*. Uma abordagem interessante encontra-se em David H. Wolpert, "Memory Systems, Computation, and the Second Law of Thermodynamics", *International Journal of Theoretical Physics*, [S. l.], n. 31, 1992. pp. 743-85.

5. Sobre a difícil questão do significado que "causa" tem para nós, ver Nancy Cartwright, *Hunting Causes and Using Them* (Cambridge: Cambridge University Press, 2007).

6. *Common cause*, na terminologia de Reichenbach.

7. Bertrand Russell, "On the Notion of Cause", *Proceedings of the Aristotelian Society*. N. S., v. 13, 1912-3. pp. 1-26, aqui p. 1.

8. Nancy Cartwright, *Hunting Causes and Using Them*, op. cit.

9. Uma lúcida discussão sobre a questão da direção do tempo encontra-se em Huw Price, *Time's Arrow & Archimedes'Point* (Oxford: Oxford University Press, 1996).

12. O PERFUME DA MADELEINE [pp. 133-47]

1. "Mil", II, 1. In: *Sacred Books of the East*, v. XXXV, 1890.

2. Carlo Rovelli, *Meaning = Information + Evolution*, 2016. Disponível em: <https://arxiv.org/abs/1611.02420>. Acesso em: 15 jan. 2018.

3. Giulio Tononi, Olaf Sporns e Gerald M. Edelman, "A Measure for Brain Complexity: Relating Functional Segregation and Integration in the Nervous System", *Proceedings of the National Academy Sciences of the United States of America*, n. 91, 1994. pp. 5033-7.

4. Jakob Hohwy, *The Predictive Mind*, Oxford: Oxford University Press, 2013.

5. Ver, por exemplo, Valerio Mante, David Sussillo, Krishna V. Shenoy e William T. Newsome, "Context-dependent Computation by Recurrent Dynamics in Prefrontal Cortex", *Nature*, v. 503, 2013. pp. 78-84, e a literatura citada no artigo.

6. Dean Buonomano, *Your Brain is a Time Machine: The Neuroscience and Physics of Time*. Nova York: Norton, 2017.

7. David Piché (Org.), *La Condemnation parisienne de 1277*, Paris: Vrin, 1999.

8. Edmund Husserl, *Vorlesungen zur Phänomenologie des inneren Zeitbewusstseins*, Halle a. d. Saale: Niemeyer, 1928.

9. No texto citado, Husserl insiste que este não é um "fenômeno físico". Para um naturalista, isso constitui uma petição de princípio: não *quer* ver a memória como fenômeno físico porque *decidiu* usar a experiência fenomenológica como ponto de partida da sua análise. O estudo da dinâmica dos neurônios no cérebro mostra como o fenômeno se realiza em termos físicos: o presente do estado físico do cérebro "retém" o estado passado, cada vez mais esfumado à medida que é mais distante no passado. Ver, por exemplo: M. Jazayeri e M. N. Shadlen, "A Neural Mechanism for Sensing and Reproducing a Time Interval", *Current Biology*, v. 25, 2015. pp. 2599-609.

10. Martin Heidegger, "Einführung in die Metaphysik" (1935). In: _____. *Gesamtausgabe*. Frankfurt: Klostermann, v. XL, 1983. p. 90.

11. Martin Heidegger, "Sein und Zeit" (1927). In: _____. *Gesamtausgabe*, v. II, 1977. passim.

12. Marcel Proust, "Du Côté de chez Swann". In: _____. *À la Recherche du temps perdu*, Paris: Gallimard, v. I, 1987. pp. 3-9.

13. Ibid., p. 182.

14. Giovanni Bruno Vicario, *Il tempo. Saggio di psicologia sperimentale*. Bolonha: Il Mulino, 2005.

15. A observação, bastante comum, encontra-se por exemplo na abertura de J. M. E. McTaggart, *The Nature of Existence* (Cambridge: Cambridge University Press, v. I, 1921).

16. Talvez *Lichtung* em Martin Heidegger, "Holzwege" (1950). In: _____. *Gesamtausgabe*, v. V, 1977. passim.

17. Para Durkheim (*Les Formes élémentaires de la vie religieuse*, Paris: Alcan, 1912), um dos pais da sociologia, o conceito de tempo, como outras grandes categorias do pensamento, tem origem na sociedade e particularmente na estrutura religiosa que constitui sua forma primária. Se isso pode se aplicar a aspectos complexos da noção de tempo — para seus "estratos mais externos"—, parece-me difícil que se estenda à experiência direta da passagem do tempo: outros mamíferos têm um cérebro quase igual ao nosso e, portanto, experimentam a passagem do tempo como nós, sem necessidade de viver em sociedade ou ter uma religião.

18. Sobre o aspecto fundamental do tempo para a psicologia humana, ver também o clássico William James, *The Principles of Psychology* (Nova York: Henry Holt, 1890).

19. "Mahāvagga", I, 6, 19. In: _____. *Sacred Books of the East*, v. XIII, 1881. Para os conceitos relativos ao budismo, baseei-me sobretudo em Hermann Oldenberg, *Buddha* (Milão: Dall'Oglio, 1956).

20. Hugo von Hofmannsthal, *O Cavaleiro da Rosa*, ato I.

13. AS FONTES DO TEMPO [pp. 148-55]

1. Qo 3, 2.

2. Para uma apresentação leve e divertida, mas confiável desses aspectos do tempo, ver Carig Callender e Ralph Edney (Il.), *Introducing Time* (Cambridge: Icon Books, 2001).

A IRMÃ DO SONO [pp. 156-61]

1. *Mbh* III, 297.

2. Cf. *Mbh* I, 119.

3. Antonio Balestrieri, "Il disturbo schizofrenico nell'evoluzione della mente umana. Pensiero astratto e perdita del senso naturale della realtà". In: _____. *Comprendre*, n. 14, 2004. pp. 55-60.

4. Roberto Calasso, *L'ardore*. Milão: Adelphi, 2010.

5. Qo 12, 6-7.

Créditos das imagens

Para as figuras das pp. 18, 25, 38, 66, 73 (acima): © Peyo 2017 – Licenciado por I.M.P.S. (Bruxelas) – www.smurf.com; para a ilustração da p. 30: Ludwig Boltzmann, litografia de Rudolf Fenzi, 1898 © Hulton Archive / Getty Images; para a figura da p. 54 (à direita): Johannes Lichtenberger, escultura de Conrad Sifer, 1493, meridiana da catedral de Estrasburgo © Fototeca Gilardi; para a figura da p. 58 (à esquerda): busto di Aristotele © De Agostini / Getty Images; para a figura da p. 58 (à direita): Isaac Newton, escultura de Edward Hodges Baily, 1828, segundo Louis-François Roubiliac (1751), National Portrait Gallery, Londres © National Portrait Gallery, London / Foto Scala Firenze; para a ilustração da p. 101 (acima): Thomas Thiemann, *Dinâmica da espuma de spin quântica vista pelos olhos de um artista* © Thomas Thiemann (FAU Erlangen), Max Planck Institute for Gravitational Physics (Albert Einstein Institute), Milde Marketing Science Communication, exozet effects; para a ilustração da p. 122: Hildegarda von Bingen, *Liber Divinorum Operum*, Codex Latinus 1942 (séc. XIII), c. 9r, Biblioteca Statale di Lucca © Foto Scala Firenze – sob concessão do Ministero Beni e Attività Culturali.

Índice remissivo

Os números em itálico referem-se às notas

1ª EDIÇÃO [2018] 3 reimpressões

ESTA OBRA FOI COMPOSTA PELA ABREU'S SYSTEM EM INES LIGHT
E IMPRESSA EM OFSETE PELA LIS GRÁFICA SOBRE PAPEL PÓLEN SOFT
DA SUZANO S.A. PARA A EDITORA SCHWARCZ EM ABRIL DE 2022

A marca FSC® é a garantia de que a madeira utilizada na fabricação do papel deste livro provém de florestas que foram gerenciadas de maneira ambientalmente correta, socialmente justa e economicamente viável, além de outras fontes de origem controlada.